나노와 멋진 미시세계

나노와 멋진 미시세계

송해룡·김원제
조항민·홀거 슈츠 지음

KSI 한국학술정보(주)

　지금부터 20년 전 1985년에 독일 뮌스터 대학에서 사회학 수업 중에 처음으로 에른스트 헤켈(Ernst Haeckel)을 알게 되었다. 그는 〈수수께끼의 세상(Weltraetsel)〉이라는 책을 통해 유럽 지성계에 엄청난 파장을 준 생물학자였다. 19세기에서 20세기로 넘어가는 세기의 전환 시점인 1899년에 발행된 이 책은 과학적인 의미를 정치에 접목시켰다. 이 책은 우생학적인 의미를 새롭게 제시했기 때문에 나치즘의 정신적 토대라는 원초적인 죄를 뒤집어쓰기도 하였다. 항상 세기가 바뀔 때마다, 새로운 학문적 비전이 제시된다. 헤켈은 20세기에 핵심적인 개념이었던 진보, 발전, 성장, 개발 같은 사회적인 진화의 의미를 사회에 뿌리내리게 한 사람이다. 헤켈과는 달리 미국의 물리학자 파인만은 나노 세계를 얘기하면서 선각자의 의무를 다했다. 그는 21세기의 진화를 새로운 차원에서 새롭게 제시하고 포장한 사람이다. 21세기가 진화의 관점에서 기술이 사회 모든 분야에 접목됨을 일찍이 설명한 것이다. 나노기술은 바로 이 관점에서 성장될 것이다. 나노기술은 이 혁명을 가능케 하고 있다. 20세기가 거시세계의 혁명이었다면, 21세기는 미시 세계의 혁명이 될 것을 정확히 설명하고 있다.

　나는 이 나노의 개념을 1990년 초에 독일의 과학잡지 〈과학의 세계(Bild der Wissenschaft)〉를 통해 처음으로 접했다. 말 그대로 충격이었다. 나노는 많은 사람들에게 헤켈의 〈수수께끼의 세상〉보다 더 큰 충격을 주었다. 미시세계에 대한 인간의 탐구는 우주여행보다 더 큰 변화를 가져올 것이 분명하기 때문이다. 새로운 패러다임 혁명이 시작된 것이다.

그래서 나는 나노기술이 종교적으로 포박된 사회를 벗어나게 하는 새로운 계몽적인 기능을 떠맡도록 할 것이라는 신념을 갖기 시작했다. 자연과학과 사회과학 모두가 가치지향성을 가질 것이라는 판단이었다. 문학과 예술처럼 특정한 가치를 중시하는 형태를 띨 것으로 보았다. 이는 나노기술은 로봇을 만들고, 인간의 생명을 성경에서 말하는 것처럼 연장시킬 것이라는 주장에 근거한다. 새로운 생명체의 로봇이라는 종(種)이 나오고, 인간의 기본환경이 달라지기 때문에 학문은 변신하고, 그 근본적인 체제를 바꾸어야 한다.

그래서 나는 1990년대 중반부터 과학을 다루는 과학저널리즘에 관심을 갖기 시작했다. 기실 이것은 내가 물리학을 전공하고 신문방송학을 대학원에서 새롭게 전공하게 된 학문적 모토였다. 나노는 과학저널리즘에 대한 내 어린 시절의 학문적 관심을 새삼 불러일으켰다. 그래서 연구한 것이 바로 미디어가 보도하는 기술에 대한 특정한 가치지향성의 문제점을 지적하는 것이었다. 나노는 이러한 내 컨셉에 딱 맞는 주제였다. 2005년에 독일에서 연구를 하면서 이것을 집중적으로 탐구할 수 있는 기회를 갖게 되었다. 쾰른 시의 근처에 있는 율리히 연구센터(Juelich Forschungszentrum)는 나노를 집중적으로 연구할 수 있는 기회를 주었다. 여기서 나노의 장단점을 산업적 차원에서 연구하였다. 위험커뮤니케이션이 추구하는 사전예방의 원칙에 대한 실험적 차원이었다. 우리 사회가 선진국이 되기 위해서는 새로운 기술의 사회적 수용과 이에 대한 논쟁이 공적인 장에서 활발하게 이루어져야 한다. 그러나 기술의 사회적 가치에 대한 우리의 논쟁은 매우 허약한 모습을 보이고 있다. 나노는 장점이 많지만, 나노기술에 숨어 있는 위험문제는 반드시

짚고 넘어가야 할 사회적 주제가 되고 있다. 큰 마찰 없이 사회적 수용을 끌어내는 것도 중요하지만, 무엇보다 중요한 것은 투명하게 그 문제점을 공적인 장으로 나오게 하며 토론하는 것이다. 헤켈은 이미 100년 전에 이러한 학문적인 연구결과를 책이라는 미디어를 통해 공적인 주제가 되도록 하였다. 우리 모두는 이러한 연구를 할 수는 없지만, 최소한도 연구된 결과와 그 의미를 해석하는 과정에 동참해야 한다. 그래야만 편향된 학문의 사회적 가치성을 보완하고 새롭게 인식할 수 있다.

나노는 우리의 삶의 방식을 변화시키는 21세기 핵심기술이다. 이에 대한 이해가 꼭 필요하다. 그래서 나노기술을 소개하고, 그 산업적 의미와 활용 영역을 간단하게 서술하였다. 나노의 사회적 의미에 대한 연구는 이제 시작이다. 앞으로 다양한 형태의 시리즈로 나노와 관련한 사회과학적인 연구서를 낼 것이다. '지속가능한 사회' 논쟁 차원에서 이 나노기술과 위험의 문제점을 지속적으로 다룰 것이다. 본서는 이러한 연구를 추동하는 동기부여이다.

율리히 연구소의 홀거 슈츠(Holger Schuetz)가 연구에 동참하였다. 고맙다는 말을 다시 전한다. 성균관대 생명공학부의 홍성렬 전 학부장님께 감사의 말씀을 드린다. 많은 내용을 자문받았다. 보다 쉽게 기술을 설명하고, 난해한 내용을 명확히 전달토록 많은 것을 배웠다. 유플러스연구소의 김원제 박사, 조항민 연구원이 여러 가지 보충자료를 발굴하였다. 인문사회과학이 고사한다는 아우성이 여기저기서 들리고 있다. 본서가 자연과학과 사회과학이 함께하면서 새로운 영역을 개척할 수 있음을 제시하는 작은 보기가 되기를 바란다. 더 좋은 연구서를 곧 낼 것을 다짐한다.

2007년 6월 저자를 대표하여 송해룡

차 례

1장

새로운 멋진 미시세계

1. 공상과학과 과학의 진보

우리는 어린 시절에 텔레파시에 대해 많은 얘기를 들으며 자랐다. 어느 곳에 있든지 원하는 사람에게 먼 곳에 있는 소식을 전할 수 있기를 소망하는 것이었다. 그래서 기다리던 사람한테 연락을 받거나 편지를 받았을 때, 텔레파시가 통하였다는 말로 이러한 상황을 표현하였다. 그러나 누구도 실제로 언제 어디서나 원하는 사람에게 말을 전할 수 있다는 실제적인 가능성을 믿지는 않았다. 단지 불가능을 가능으로 상상하는 몽상의 즐거운 이야기였다. 어린 시절에 라디오 속에 난쟁이가 살고 있다는 어른들의 말을 진짜로 믿고 밤에 이 난쟁이가 먹도록 라디오 앞에 과자를 가져다 놓은 적이 있다. 과학에 대한 지식이 없을 때, 우리는 모든 것을 자기의 경험에서 끌어내어 설명하려 한다. 어린아이들의 산타클로스 할아버지에 대한 믿음처럼 말이다. 과학지식이 없거나, 과학문화에 접하지 못한 사람은 고도의 기술이 집적된 상품과 마술을 정확히 구별하지 못한다. 핸드폰은 바로 텔레파시를 과학적으로 해결하였다. 언제 어디서나, 누구와도 대화를 할 수 있고, 연결될 수 있는 것이다. 20년 전에 핸드폰은 즐거운 몽상이었다. 우리는 유선전화에 만족해야만 했다. 그러나 이제 핸드폰은 주머니 속의 현실이 되었다.

1900년대가 시작될 때, 그 당시의 미디어가 예상한 기술은 독자들에게 즐거운 상상을 주는 것이었다. 새로운 기술은 인공위성에 대한 아서 클락(Arthur C. Clarke)의 소설 〈스페이스 오디세이 2001(2001, A Space Odyssey)〉와 같은 공상소설에 나오는 것이었다. 그러나 책안에서 펼쳐지던 기술들은 이제 우리에게 현실이 되었고, 삶에 깊이 접목된 인공위성이 20세기 초에는 공상이었다. 대한민국 국회도서관의 모든 자료를 입력시킬 수 있는 소형 데이터 저장장치, 500개 이상의 영화필름을 담아내는 반도체 칩, 자연세계의 광합성의 원리를 이용한 태양전지, 반도체 소재 같은 고도기술은 마술을 연상케 한다. 연금술사들은 원자의 성질에 대한 이해 없이 새로운 물질의 생성이라는 마술을 추구하였지만, 현대의 과학자는 원자의 성질에 대한 이해와 더불어, 이것을 변형시킬 수 있는 분석기술에 의지하여 새로운 물질을 만들어 내고 있다. 연금술사의 행위가 마술이었다면, 오늘날의 과학자의 행위는 산예술(算藝術)[1]이 되는 것이다. 위에서 언급한 기술은 바로 산예술의 표본이며 실제상황이 되고 있다. 그리고 과학과 경제를 긴장관계로 만드는 새로운 산업 영역을 제공한다. 1970년대에 반도체 기술은 바로 이러한 것이었다. 이 반도체 기술에 기초하여 1980년대 우리의 삶과 생산구조가 변화되기 시작하였다. 반도체 기술에 기초한 생산구조와 상품의 판매가 없었다면, 현재의 강대한 일본은 없었을 것이다. 일본은 기술과 상품의 관계를 어느 민족보다도 냉철히 분석하고, 숨 가쁘게 받아들여 자기화한 나라이다. 그래서 현재의 일본은 경제대국이 되어 있는 것이다. 우리나라를 대표하는 간판기업 삼성이 반도체 기술의 미래적 의미를 읽지 못하고, 백화점 같은 유통구조의 확충에만 매달렸다면 우리나라는 석유 사 오는 데도 허덕이는 빈국이 되었을 것이다.

21세기가 되면서 선진 각국은 이제 새로운 기술의 개발에 국가의 총력을 기울이고 있다. 상품전쟁의 시대가 지나고, 이제는 기술전쟁의 시대가 시작되었다. 새로운 기술에 대한 투자 없이 미래를 담보하는 상품은 없다는 것이다. 이것은 선진국에서 더 절박한 모습으로 다가오고 있다. 노동력은 비싸고, 구매력 역시 떨어지고, 지금까지 유지해 온 독점시장이 사라져 가기 때문이다. 중국의 개방 이후 전 세계에 불어 닥친 중국쇼

---

1) 이 말은 필자가 만들어 낸 말이다. 수학적인 계산을 통해 아름다움을 만들어 내는 기술의 모습을 설명한 것이다.

크는 이제 우리에게 새로운 전환논리와 생각을 요구하고 있다.[2] 저임금과 생산의 관계로 모든 경제문제를 해결하려던 자본주의는 이제 벽에 부닥치면서 새로운 돌파구를 요구하고 있다. 새로운 기술자본주의가 탄생하고 있는 것이다. 신의 우주창조와 같이 인간세계는 새로운 창조적인 기술자본주의시대로 들어가고 있다. 새로운 시대로의 진입에 있어서 동력은 다름 아니라 바로 나노기술이다.

이 나노라는 접두어는 21세기를 서술하는 접착제가 되고 있다. 21세기의 과학과 학문을 논하는데 이 접두어를 빼놓고 설명한다는 것은 불가능하다. 나노코스모스, 나노구조, 나노화학, 나노전자공학, 나노물질 그리고 나노소재라는 미디어의 표현은 이 나노가 바로 미래를 담보함을 볼 수 있게 한다. 인기 SF물인 〈스타트렉〉 속의 '우주선 엔터프라이즈호'에서 이것을 연상할 수 있게 한다. 실제로 나노는 우주선 같은 최첨단 영역에서만 응용되는 것이 아니라, 선크림이나 세면기 같은 일상용품에서 이미 폭넓게 활용되고 있다. 이 나노의 응용과 관련하여 그것이 제공하는 기회 및 위험과 관련하여 다양한 관점이 교차하고 있다.[3]

나노 비판자는 이 나노 개념이 정치인의 관심을 촉구하고, 연구비를 타내려는 학자들의 계산된 용어적 술수라고 하면서, 이 용어가 인플레이션되어 있다고 주장한다. 미국의 펜실베이니아 대학의 재료공학자이며 나노 연구를 통해 새로운 세라믹 소재를 개발한 러스텀 로이(Rustum Roy)는 현재 나노와 관련한 흥분이 과도하게 조장되었다고 주장하면서 이러한 논리를 펴고 있다. 그는 이렇게 이야기한다.

---

2) Wolfgang Hirn, *Herausforderung China: Wie der Chinesische Aufstieg unser Leben veraendert*, Hamburg 2005. 참조(이 책은 독일사회에 미친 중국 붐을 다룬 책이다).
3) Drexler K. Eric, *Engines of Creation*, New York 1986. 참조.

나는 현재의 나노 붐에서 별다른 큰 결과를 기대하지 않는다. 이 영역에서 현재 어떠한 새로운 결과가 없다. 그 대신에 단지 많은 이야기, 재탕되는 논의, 극심한 과장만이 있을 뿐이다. 나는 이것을 바로 나노상품이 만든 메가과실이라고 생각한다.

그러나 이러한 비판적 언급과는 달리 나노기술로 인해 실제로 엄청난 변화가 나타나고 있다. 로이의 언급은 단지 세라믹 분야와 밀접하게 연계되어 있다. 이 분야에서 초기에 많은 연구비가 탕진되고, 별다른 성과가 없었다는 사실이다. 그러나 나노기술의 연계적 특성이 증명되지 않았던 새로운 영역에 나노가 접목되면서 그 제한성을 벗어나, 그 폭이 확대되는 것을 최근 몇 년 동안 폭발적으로 발견할 수 있다. 독일의 막스 프랑크 금속연구소의 원장 헬무트 도쉬(Helmut Dosch) 교수는 로이의 주장을 다음과 같이 반박하고 있다.

새로운 소재와 이에 기초한 나노 구조와 하이테크 상품의 발전은 지난 여러 해 동안 숨 가쁘게 빠른 속도로 진행되어 왔다. 반년마다 더 빠르고, 작아지며 그리고 저장능력이 높아지는 컴퓨터를 선물하는 반도체 기술을 생각할 수 있다. 노래하는 생일카드 하나가 이미 노르망디에 상륙한 연합군보다 더 큰 계산능력을 갖고 있다.

그렇지만 과학자 집단에서 나노와 관련하여 통일된 정의와 관점이 존재하지 않고 있다. 예를 들어, 실제로 나노기술공학(Nanotechnologie)과 나노기술(Nanotechnik)을 분명히 구분하는 것은 매우 힘들다. 그래서 최근에 나노기초기술의 연구라는 우산 속으로 두 개념이 함께 들어오는 것을 볼 수 있다. 나노 개념에 대한 일치된 학술적 결론이 없기 때문이다. 나노에 대한 열병과 애정은 모든 연구소가 연구비를 이것에 투자하는 것과 깊이 연결되어 있다. 이것은 금맥을 캐는 분위기를 만들며, 일정한 지분을 요구하는 것이다. 이것은 서로 경쟁하는 과학이 지식의 생산과 증가뿐만 아니라, 바로 이것을 가능케 하는 연구비의 확충에 더욱 더 많은 노력을 해야 함을 의미하는 것이다. 나노 관련 연구비에 숟가락을 놓기 위해서 이제 과학자집단은 실험실을 벗어나 PR의 기법을 전면에 내세울 수밖에 없는 상황에 놓이고 있다.

과학은 공상과학이라는 장르를 통해 많은 설득력을 갖게 되었고, 여타 사회과학의 원리를 접목시키면서 능동적인 사회요인으로 발전하고 있다. 나노는 이제 공상과학 속 상상의 울타리를 벗어나, 투자과학의 장으로 들어섰다. 이곳은 거대한 연합의 기회를 제공하고, 새로운 생산 공간을 제공한다. 미시세계가 거시세계를 바꾼다는 표현[4]은 바로 나노가 이제 우리의 모든 것을 바꾸는 힘이 되었음을 만천하에 알리는 것이다.

나노는 그리스어에서 근원하며, 그 원래 의미는 난쟁이라는 뜻이다. 바로 작은 물체를 말하는 것이다. 이것은 바로 물리학, 화학, 생물학 그리고 기술과의 연결을 매우 쉽게 한다. 나노미터는 (10^{-9})m이며 이것은 머리카락의 지름보다 5만 배가 작다. 머리카락을 5만 배로 작게 분쇄한다는 것은 참으로 상상하기 어려운 것이다. 이렇듯 나노미터는 상상할 수 없을 정도로 미세하며, 원자와 분자의 영역에서 이동한다. 1905년 아인슈타인은 박사 논문 〈분자 차원의 새로운 결정(Eine neue Bestimmung der Molekueldimension)〉에서 특히, 설탕이 물에 녹는 것을 관찰하면서 설탕분자의 크기를 계산하였다.[5] 그 측정 결과로 아

---

4) 이영희, 〈나노 미시세계가 거시세계를 바꾼다〉, 2004 참조.
5) 아인슈타인은 취리히의 연방공과대학에서 4년간 물리학·수학을 전공했다. 1905년 초에 아인슈타인은 독일의 유명한 월간 학술지 〈물리학 연보 Annalen der Physik〉에 〈분자 차원의 새로운 결정: Eine neue Bestimmung der Molekueldimension〉이라는 논문을 냈는데, 이 논문으로 나중에 취리히대학

인슈타인은 설탕의 분자크기가 나노미터에 해당함을 발표하였다.

일반 사람에게 침은 아주 작은 것을 의미한다. 나노미터는 이 작은 침의 100만 분의 1에 해당한다. 우리가 매우 작은 것으로 알고 있는 박테리아는 이 나노보다 천배가 크다. 꿰어놓은 진주목걸이의 진주처럼, 가장 작은 화학원소인 수소원자 10개의 결합은 나노세계에서 모든 물체를 재는 척도의 표준이다. 이러한 매우 미세한 시스템은 완전히 새로운 효과를 동반한다. 이 물질을 원자차원에서 조절할 수 있다면, 구조를 변경시키고, 원래의 물리적 특성을 변화시키는 것이 가능하다. 예를 들어, 원래 깨지기 쉬운 단단한 소재를 부드럽게 만들고, 거꾸로 부드러운 것을 단단하게 만들 수 있는 것이다. 나노 구조의 특징은 무엇보다도 특이한 역학적, 광학적, 전자기학적, 전기적 그리고 화학적 특성에 있다. 이 특성은 물질의 분자크기와 그 구조의 형성에서 영향을 받는 것이다. 현미경으로 관찰이 가능한 마이크로스코프 세계에서 생생한 예를 들어 볼 수 있다. 흑연(연필속의 심)은 물렁물렁하고, 까맣고, 전도체이며, 값이 매우 싸다. 다이아몬드는 극도로 단단하고, 투명하고, 비전도체이며, 매우 비싸다. 이 두 물질은 순수하게 탄소로 구

교에서 박사학위를 받았다. 물리학 연보에 낸 첫 번째 논문인 〈정지 액체 속에 떠 있는 작은 입자들의 (열의 분자운동론에 의한) 운동에 대하여 Über die von der molekularkinetischen Theorie der Wärme geforderte Bewegung von in ruhenden Flüssigkeiten suspendierten Teilchen〉는 브라운 운동을 이론적으로 설명해 주었다. 〈빛의 발생과 변화에 관련된 발견에 도움이 되는 견해에 대하여 Über einen die Erzeugung und Verwandlung des Lichtes betreffenden heuristischen Gesichtspunkt〉에서 빛은 파동적 작용에 더하여 입자에만 고유하게 나타나는 일정한 성질들을 보여주는 개별적 양자(量子: 후에 광자로 불림)로 이루어져 있다고 가정했다. 그는 이 한 가지 가정으로 빛 이론에 혁명을 일으켰고 여러 현상들 가운데서 광전효과(光電效果)라고 하는, 빛을 비추었을 때 일어나는 몇몇 고체로부터의 전자(電子) 방출을 설명케 하였다.

성되어 있으며, 단지 원자구조의 차이가 여타 다른 특성을 갖게 한다. 실제로 석탄은 탄소 원자들이 제멋대로 흐트러진 상태고, 연필심으로 주로 쓰이는 흑연은 정육각형의 격자들이 층층이 쌓인 것이다. 다이아 몬드는 4개의 탄소 원자가 모여서 만들어진 정사면체가 가로, 세로, 높이의 세 방향으로 끊임없이 반복되어 결합된 결정(結晶)이라는 점이 다를 뿐이다. 무엇보다도 플러렌(Fullerene)6)과 나노튜브가 이에 해당되는 결합구조를 갖는데, 이것은 기존의 흑연과 다이아몬드가 완전히 다른 특성을 갖게 되는 원인이 된다.

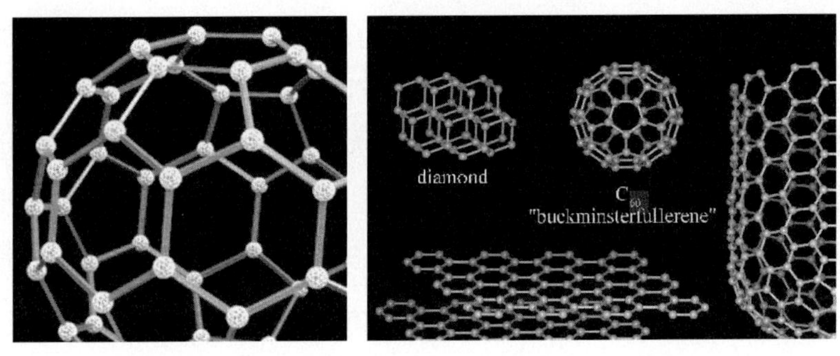

〈그림 1-1〉 플러렌과 나노튜브

---

6) 이 플러렌의 이름은 축구공을 여러 개 합친 형태로 성당의 돔을 건축한 벅민스터 플러(Buckminster Fuller)에서 유래한다. 해럴드 크로토(Harold W. Kroto), 리차드 스몰리(Richard E. Smalley), 로버트 컬(Robert F. Curl)은 탄소원자 60개가 축구공의 형태로 결합한 C60을 발견하여 1996년 노벨 화학상을 받았다. 플러렌은 탄소나노튜브와 더불어 대표적인 나노소재이다. 60개의 탄소원자가 축구공 모양으로 결합되어 있는 구조로 이와 비슷한 모양의 돔을 설계한 건축가 플러의 이름을 따서 플러렌이라 이름 지었다. 플러렌은 강하면서도 미끄러운 성질로 다른 물질을 넣고 삽입할 수 있게 열려지거나 튜브처럼 이어질 수 있는 특성이 있다. 정보기술이나 바이오의약, 환경, 구조용 재료 등 넓은 분야에서 혁신기술을 일으키고 있다. 실제 플러렌의 지름은 약 0.7nm이다.(1nm는 10억분의 1크기)

이러한 탄소특성의 변형처럼 나노기술과 관련해서 다양한 접근방법이 존재함을 볼 수 있다. 우선 하나는 현재의 마이크로 기술을 나노기술로 끌어올리는 새로운 도구와 방법을 개발하는 것이다. 이 접근방법은 전자공학, 광학전자학 그리고 센서학의 발전에 기여하는 중요한 연구결과를 끌어내도록 한다. 다른 하나는 생명체가 갖고 있는 물질의 자가복제의 특성을 이용하는 것이다. 이것은 이미 부분적으로 기술적으로 응용되고 있다. 자가복제 구조와 기능에 대한 학술적인 지식의 증가는 생명공학과 새로운 물질의 개발에 큰 관심을 갖도록 하였다. 이러한 접근방법은 단순한 마크로 기술의 지속적인 발전이 아니라, 생물학적 원리, 물리학적 법칙 그리고 화학적인 원소의 특성 간의 학제적인 통합을 중시하도록 한다. 나노기술은 현재 알려진 것을 더욱더 작게 만드는 것뿐만 아니라, 바로 양자효과로 설명되는 매우 새로운 현상의 응용과 더 관련을 맺는다. 독일의 물리학자 막스 프랑크가 1890년경에 정립한 양자이론은 분자, 원자, 핵 그리고 입자로 구성된 나노 코스모스의 물리적 현상을 설명하였다.[7] 이것은 현재의 고전 역학적인 물리적 논리를 뛰어넘어서 양자이론의 차원에서 물리적 특성을 논하도록 하였다. 그래서 학자들은 물리적 연속성을 연구하는 고전물리학과 양자물리학을 구분한다.

---

7) 기원전 400년 데모크리토스가 원자의 존재 예언, 1905년 아인슈타인이 박사 논문에서 나노의 형태를 언급함. 1931년 막스 크놀(Max Knoll)과 에른스트 루스카(Ernst Ruska)가 나노미터의 크기를 찍을 수 있는 전자마이크로스코프(TEM)를 개발함. 1959년 리차드 파인만이 미물리학회 강연에서(Thers's plenty of room at the bottom) 나노의 공간을 제시함. 1968년 벨 연구소의 알프레드 조(Alfred Y. Cho)와 존 아더(John Arthur)가 원자 단층 촬영술을 개발함. 1974년 일본의 노리오 타니구치(Norio Taniguchi)가 나노기술을 실현시키며, 나노라는 이름을 제시함. 1981년 독일의 게르드 비니히(Gerd Binnig)와 하인리히 로러(Heinrich Rohrer)가 주사터널링 현미경을 개발함.

◆ 통합적 기능을 중시하는 나노의 특성

전 세계적으로 나노기술은 학문과 기술의 모든 영역에 영향을 미치는 선도기능과 통합적 기능을 갖는 것으로 묘사된다. 동시에 지금까지 물리학, 생물학, 화학 그리고 공학 사이에 존재했던 뚜렷한 학문적 경계선을 사라지게 한다. 바로 이러한 점이 학제 간의 벽을 허물고, 집중적인 통합연구를 포괄적으로 요구한다. 독일의 연구기술부(BMFT)는 1993년에 '21세기의 시작과 기술(Technologie am Beginn des 21. Jahrhunderts)'이라는 보고서를 통해 이러한 방향을 분명히 설정하였다. 이 보고서에서 언급한 나노의 부분을 인용하면 다음과 같다.

> 나노기술은 1990년대에서 21세기 초에 이르는 10년간의 기술발전에 핵심적인 역할을 할 것이다. 이것은 공학을 원자와 분자의 차원에서 작동하게 할 것이다. 이 새로운 기초기술이 미래의 투자과정과 기술차원에 폭넓게 풍성한 영향을 미치기 위하여, 전자공학, 정보기술, 소재공학, 광학, 바이오화학, 생명공학, 의학 그리고 마크로 단위의 기계공학 사이에 이루어지는 학제 간 연구와 상호작용은 가장 중요한 전제조건이 되고 있다.

1990년대 초의 나노기술은 주로 전자공학과의 관계에서만 논해졌다. 칩의 생산이 지속적인 소형화의 길로 들어섰지만, 여타 분야는 막 이와 같은 과정에 들어섰기 때문에 이해할 수 있는 것이다. 전자공학에서 소재의 미니화 물결은 가장 확연하게 드러났다. 이것은 바로 마이크로 세계에서 나노 세계로 그 전환과정을 끌어낸 추동력이었던 것이다. 전자공학에서 제시한 관점은 원자단위의 저장메모리, 즉 양자소재를 이용하여 완벽한 선택적 반응이 가능한 센서의 기능을 하는 시스템에게까지 영향을 미치도록 하였다.[8] 나노의 높은 친화성은 새로운 소재와 물질의 영역으로까지 관점을 확대시켰다. 이미 산업계에서는 물질의 내부구조에 의도된 영향을 가할 수 있는 방법을 통해 소재를 이노베이션을 시키고, 이를 통해 엄청난 새로운 산업적 효과를 가져올 것으로 확신을 하였다. 나노 크리스탈 소재는 생성된 입자가 크기에 비해 엄청난 표면의 크기를 갖는 특성을 지니면서, 완전히 새로운 물질적 차원을 생성시킨다. 나노 소재는 높은 열저장능력을 갖고, 낯선 원자와 쉽게 용해되고 그리고 놀라울 정도의 강도를 갖는 특성을 한다.[9]

분자와 원자의 영역에서 가능한 복합구조의 제조방식과 관련하여 저장메모리와 공정기술의 능력은 항시 논의되는 핵심응용역이다. 여기서 무기물질과 유기물질 소재의 자가복제의 현상에 대한 설명이 요구된다. 이것은 모두 매우 작은 공간을 정확히 측정하는 기술, 나노 소재에 기반을 둔 태양열의 전지로의 응용, 태양열을 생산하는 유리전기판에 관계되기 때문이다. 현재의 연구 상황에서 자가복제의 현상은 아직 과학적으로 설명하기 매우 힘들다. 그러나 이 현상은 새로운 물질 세계의 특성을 전해주고 있다.[10] 이에 대한 완벽한 설명은 제3의 트랜지스터 효과로 명명되고 있다.

트랜지스터의 발전에서 출발한 마이크로전자공학은 컴퓨터를 만들어 내고, 달 착륙과 같은 고도의 기술을 뒷받침하면서 거대한 인류의 진보를 끌어냈다. 이 달 착륙은 소형화 컨셉이 이끌어 낸 대표적인 결

---

8) 삼성전자의 개발 프로젝트와 정책 방향은 이러한 주장을 가능케 한다.
9) 독일 과학부는 1998년에 2000명의 기업가, 교수, 연구원, 서비스업자 등을 대상으로 하여 글로벌한 기술적 발전과 학문적 추세의 경향을 설문조사하였다. 그 결과 나노는 중요한 비전으로 제시되었다.
10) 독일의 유명한 세탁기 제조회사인 밀레(Miele)는 이 현상을 이용하여 보다 더 부드럽게 빨래를 하는 공정을 연구하고 있다.

과물이다. 전자공학의 영역은 이제 마이크로 영역을 벗어나 '나노'의 방향으로 나아가고 있다. 현재 파장이 157나노미터의 레이저 빛으로 생산되는 차세대 반도체가 상용화되고 있다. 소위 '극 자외선 리소그래피'[11]는 앞으로 11-13㎚의 크기로 실리움(Si: 규소)반도체 회로판에 칩을 설계토록 하는 데 이용되고 있다. 기업 간의 경쟁은 나노세계로의 진입을 독촉하면서 회로의 소형화와 메모리의 성능의 극대화 그리고 응용의 확대를 강제하고 있다.

이러한 연구의 방향은 1959년 12월 29일 미국물리학회에서 행한 리처드 파인만(Richard Phillips Feymann)의 강론에서 출발한다. 그 당시에 나노의 개념은 없었지만, 파인만은 이 나노연구의 기초를 제공하였다.[12] 1974년에 일본의 노리오 타니구치(Norio Taniguchi)가 처음으로 '나노기술'이라는 개념을 제안하였다. 그러나 나노기술의 찬양자이며, 선구적인 방향제시자인 에릭 드렉슬러(Eric K. Drexler)가 스스로 이 개념의 창조자로 선언하였다. 그러나 파인만의 '바닥에 엄청난 공간이 있다(There's Plenty of Room at the Botom)'는 강론은 나노기술의 시원(始原)으로 간주되고 있다.[13] 그는 이렇게 주장했다.

나는 오늘 어떻게 사람들이 매우 작은 물체를 조작하고 통제할 수 있는지를 말하고자 합니다. 내가 이것을 언급하는 한 사람들은 소형화에 관해 설명하고, 이것이 오늘날 얼마나 이미 발전되었는지를 화

---

11) 수백 나노미터 파장의 기존 불화아르곤(ArF)이나 불화크립톤(KrF) 대신 13.5㎚ 파장의 극자외선을 적용, 기존 기술의 한계를 뛰어넘는 회로 선폭 32㎚ 이하의 나노 반도체 생산을 가능케 하는 차세대 핵심기술.
12) 파인만과 관련한 서적은 '파인만씨 정말 농담도 잘 하시네요', '미스터 파인만(홍승우 역. 2005)' 등이 국내에 번역되어 있다.
13) 이 강연의 내용은 〈나노기술이 미래를 바꾼다〉(이인식 엮음, 2002, 김영사), pp.99-124. 참조.

제로 꺼낼 것입니다. 그들은 나에게 내 작은 손가락의 손톱보다 크지 않은 전기모터에 관해 이야기할 것입니다. 예를 들어 주기도문을 작은 바늘 위에 새기도록 하는 기계를 말할 것입니다. 이것은 전혀 아닙니다. 이것은 내가 이야기하려는 분야에서 가장 간단하고, 느린 걸음을 보여주는 모습입니다. 아직 언급하지 않은 더 밑의 세계는 숨막힐 정도로 매우 미세합니다. 2000년에 사람들이 현재 우리 시대를 돌아본다면, 왜 처음으로 1960년에 누군가가 진지하게 이 방향으로 과감하게 전진을 시작토록 했는지를 잘 이해할 것입니다.

놀라워하는 청중들에게 1965년에 양자전자역학의 기본관계로 노벨 물리학상을 받은 파인만은 이렇게 질문을 하였다. 왜 우리는 24권의 브리태니커 사전을 하나의 바늘 위에 전부 모아두도록 할 수 없을까요? 파인만은 사방의 크기가 0.5밀리미터의 주사위에 전 인류의 모든 책을 모은 정보를 저장할 수 있다는 것을 주장하였다. 그는 '엄청난 공간이 저 밑에 있습니다. 여러분 나와 함께 마이크로 필름으로 갑시다'고 외쳤다. 이 강론을 통해 파인만은 나노의 시조가 되었다. 그의 강론은 40년이 지난 지금 나노의 구조를 조작하고, 통제하고, 분석하는 소위 마이크로전자역학 시스템(MEMS)[14]과 관련된 기술을 발전시켰다.

파인만의 미래를 향한 목소리는 스위스 뤼쉬리콘(Rueschlikon)에 있는 IBM실험실에서 개발한 주사터널링 현미경(scaning tunneling microscope: STM)[15]이 분자와 원자차원에서 조작을 가능하고, 지속

---

14) 육안으로 식별이 어려운 극히 소형의 기계. 흔히 MEMS라고도 한다. 주로 반도체 제조기술을 응용하여 만든다. 미소광학 및 극한소자를 이용하여 자기(磁氣) 및 광 헤드와 같은 각종 정보기기 부품에 응용하며, 여러 종류의 마이크로 유체제어기술을 이용하여 생명 · 의학 분야와 반도체 제조공정 등에도 응용한다.
15) 이 방식은 두 원자 사이에 전압이나 전류가 흐르면서 나타나는 변화를 측정하는 형태로 0.01나노미터의 해상도를 제공한다. 원자의 배치와 전자분포를 영상화시켜서 보여준다.

적인 이노베이션을 가능토록 하면서 처음으로 사회적 반향을 모으는 현실로 돌아왔다. 바로 독일인 게르드 비니히(Gerd Binnig)와 스위스인 하인리히 로러(Heinrich Roher)가 1981년에 처음으로 레코드판의 바늘처럼 물체의 표면을 접촉하여, 분석되는 물체의 모습을 정확하게 그림으로 전달하는 방법을 개발한 것이다. 이것은 '터널효과(Tunnel effect)'[16]로 불리는 방법을 활용하였다. 이 해상도는 가로 0.2㎚, 세로 0.001㎚가 되고 있다. 이 탐침의 끝은 몇 개의 원자로 구성되고, 가장 이상적으로는 한 개의 원자로 구성된다. 이 탐침은 조사대상체를 원자단위로 접촉한다. 그래서 바로 이 주사선이라는 이름이 붙은 것이다. 이 매우 미세한 탐침의 끝은 표면에 있는 원자의 능선과 계곡을 샅샅이 비추면서, 탐침의 끝과 대상물체의 거리에 좌우되는 전류와 자력의 크기를 그림으로 나타나게 한다.[17] 이러한 기기의 개발과 응용은 엄청난 사회적 반향을 불러일으켰다. 이 외에 원자현미경(atomatic force microscope: ATM)[18]이 있다.

미국은 2001년에 50억 달러를 이 나노기술의 개발에 투자하였다. 나노는 기초기술연구이며, 동시에 새로운 응용을 가능케 하는 통합적인 기술이다. 이것은 학문과 기술의 상품화라는 관계를 보다 강화시키

---

16) 양자역학적 현상의 하나로 퍼텐셜을 가지는 힘의 작용하에서 운동하는 입자가, 자체가 가지는 운동에너지보다 큰 위치에너지를 가지는 영역을 터널을 지나가듯이 통과하는 현상을 말한다.
17) 이러한 방법의 선구자는 1986년 노벨물리학상을 받은 루스카(Ruskaa), 비니히(Binnig) 그리고 로러(Rohrer)이다. 이들은 빛의 파장보다 작은 입자를 볼 수 있도록 처음으로 전자현미경을 만들었다. 1989년 IBM의 두 연구자 도널드 비글러(Donald M. Eigler)와 에어하르트 슈바이저(Erhard Schweizer)는 주사터널링 현미경을 이용하여 35개의 상이한 원자를 조작하여 니켈크리스탈에 'Big Blue'라는 글을 새겨 넣었다.
18) 이 현미경은 원자 사이의 전류 차이를 측정하는 방법이 아니라, 원자 간의 밀치는 힘을 측정하여 그 모습을 영상화시킨다.

고 있다. 나노는 새로운 기술 분야이지만, 그 원형은 이미 자연 속에 오랫동안 존재해 왔음을 알 수 있다. 그래서 나노기술의 개발과 응용은 자연을 그 표본으로 삼고 있다. 상품화에서도 이것은 핵심이 되고 있다. 자연에서 소형화는 매우 폭넓게 이루어지고 있다. 이것은 자원, 에너지 그리고 공간을 상호 유기적으로 축소시켰다. 마이크로전자공학은 이러한 방법을 성공적으로 복사하고 있는 것이다. 마이크로 전자공학처럼 기능은 향상시키고, 가격은 저렴한 상품을 만들어 낸 분야는 없다. 그런데 바로 나노가 이것을 능가하는 모습을 보인다. 나노상품의 시장은 2013년에 1000억 달러 시장을 넘을 것으로 평가되고 있다. 바로 여기에 나노의 논의에 대한 학술적 논의의 중요성이 있는 것이다. 나노는 공상과학을 넘어 이제 모든 인간의 삶을 재구성하는 21세기의 힘이 되고 있다. 이 나노 공간은 엄청나게 미세하지만, 우리에게 무한한 공간을 제공하면서 새로운 인류사를 개척한다.

2. 난쟁이 제국과 함께하는 비즈니스

나노기술은 이제 마법적인 단어가 되었다. 이 단어는 다양한 응용을 약속하면서 우리에게 새로운 세상을 탐구토록 하였으며, 금맥을 찾을 수 있다는 새로운 대륙개척의 의지를 불태우도록 하고 있다. 그러나 많은 관점은 유토피아에 머무를 수 있다. 아인슈타인은 박사학위논문에서 물속에 녹는 설탕의 분자크기를 측정하였다. 아인슈타인의 학문적인 천재성이 보이는 것이 바로 여기에 있다. 그는 학위논문에서 현재 '1 나노' 크기를 지름으로 측정하였다. 아인슈타인의 이러한 과학적 측정을 시도한 약 100년 후이며, 나노라는 이름이 명명된 후 25년

인 2007년 현재 나노는 자연과학의 다양한 학문 중에서 가장 인기 있
는 용어가 되었다. 또한 다양한 학문 영역과 결합되는 모습을 보이고
있다. 우리나라에서도 이 나노기술은 많은 워크숍, 연구보고서 그리고
강연에서 미래를 약속하는, 우리가 나아가야 할 길로 제시되었다. 매
스미디어는 이 새로운 과학의 길을 어떻게 연구하고, 산업으로 끌어들
어야 할지를 다양하게 보도하였다. 각 대학에서도 이 나노 관련 대학
원이 큰 인기를 끌고 있다.[19] 이 새로운 나노기술 컨셉은 고체물리학,
기계공학, 분자생물학과 화학에서 엄청난 반향을 불러일으키고 있다.
유럽과 미국 그리고 일본에서는 정치권과 재계 그리고 학계의 관심을
불러일으키면서 이 나노기술은 많은 재원의 투자를 끌어내고 있다. 미
국의 빌 클린턴 대통령이 설립한 미국 나노 이니시어티브(NNI: The
National Nanotechnology Initiative)는 가장 대표적인 보기이다. 2001
년 9월 30일에 이 프로젝트의 예산은 무려 4억2천2백만 달러였다.
2002년 23%가 증액되었다.

나노와 관련하여 몇몇 미래학자는 기대와 공포를 동시에 부추기고
있다. 이들은 성경에 나오는 장수를 예견하고 그리고 국경을 초월하여
잘사는 장밋빛 복지사회의 모습을 그리기도 하고, 대량학살, 자기증식
을 하고 통제가 불가능한 나노 로봇 군대가 출몰하는 암흑적인 미래
를 예상하기도 한다. 이 로봇은 설탕분자의 크기를 한다. 빌 클린턴은
이 NNI에서 행한 연설에서 다음과 같은 비전을 주장하면서 나노의
미래적 의미를 강조했다.

언젠가 미국 국회도서관의 모든 자료를 각설탕의 크기에 모두 저

---

19) 성균관대학교의 나노과학대학원과 나노기술관련협의회
    (www.kontrs.or.kr) 참조.

장할 수 있을 것이며, 이러한 물질을 생산할 것입니다. 이 물질은 현재의 강철보다 10배나 강하지만, 매우 가벼울 것입니다.

한편 최근에는 나노와 관련하여 다양한 논의가 이루어지고 있다. 나노의 결합범위가 워낙 넓기 때문에 그 관점은 매우 다양하고, 때로는 다른 모습을 한다. 스탠포드 대학의 바이오물리학자 스티븐 블록(Steven M. Block) 교수는 사람들이 자신의 연구 영역과 관련해서만 이 나노를 자의적으로 해석한다고 비판하였다.[20] 이 말에 많은 사람이 동조를 하고 있다. 이러한 평가는 나노기술에 대한 개념이 명확하지 않고, 여타 기술과 명확히 구분되지 않고 있음을 증명하는 것이다. 나노기술은 1나노에서 수백 나노미터 간에 존재하는 나노 구조에 대한 연구를 포괄적으로 지칭하는 개념이다. 나노 개념이 불분명함에도 나노는 일상생활의 한 부분으로 폭넓게 이미 응용되고 있다. 카본(탄소)입자는 가장 적합한 보기이다. 실제로 카본입자는 타이어에 견고성을 주면서 고무에 합성되는 나노 소재이다. 또한 예방접종에 필요한 백신은 바로 나노의 크기의 다양한 단백질 모습을 한다. 나노 세계는 원자, 분자 그리고 마이크로라는 기괴한 공간을 아우르고 있다. 이 미세한 '지하세계'는 고유한 양자역학의 법칙이 지배하고 있다. 이와는 반대로 '지상 세계'는 수십 억조의 원자가 고체적인 특성을 좌우하는 모습을 한다. 1나노는 가장 작은 미세세계의 크기를 말한다. 사람은 더 이상 작은 것을 만들 수 없다. 나노의 크기를 비교하면 다음과 같이 형상화할 수 있다.

---

20) Spektrum der Wissenschaft(2001/2), Spezial, p.8에서 인용함.

〈그림 1-2〉 사물의 크기 비교

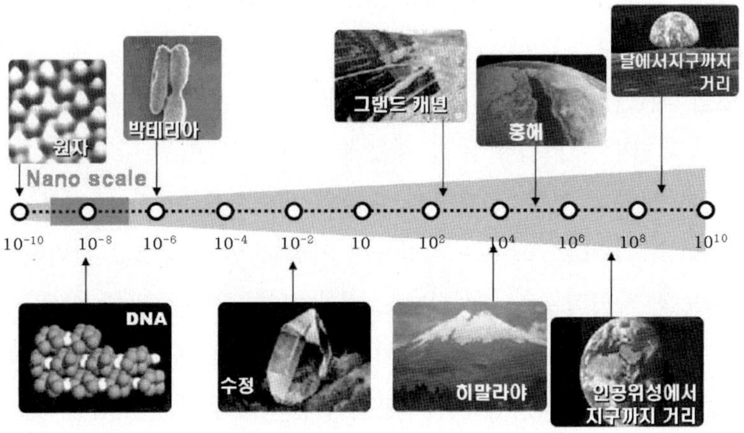

출처: 한국과학기술기획평가원(2005), 2005년도 나노기술 영향평가보고서, p.19.

나노의 또 다른 큰 응용 분야는 데이터 저장장치이다. 1997년에 칩 저장 산업체는 이 기술로 엄청난 호황을 이루었다. 새로운 시대의 아이콘은 당연히 주사터널링 현미경이다. 이 정밀한 탐침은 원자구조를 사생(寫生)하여 묘사할 뿐만 아니라, 그 특성까지 분석할 수 있다. 또한 거꾸로 개별적인 원자를 이동시켜서 새로운 구조를 만들어 내도록 한다. 미래에는 다수의 이러한 기기가 동시에 일을 하도록 하는 시스템이 출현할 것이다. 스위스 쥬리히의 IBM 연구소는 '천개의 발바닥(Milipede)'이라는 글을 디지털로 만들었다. 이것은 기존의 최고 저장 능력을 자랑하는 좋은 CD보다 20배가 넘는 저장능력을 갖는다. 이렇게 하여 우리 인류는 인공적인 나노 구조를 생산할 수 있는 새로운 마법의 세상으로 진군하고 있다.

◆ 통섭이 이루어지는 혁신의 장

　나노기술의 발전은 학제 간의 연구를 전제로 한다. 그래야만 사회 전반에 혁신, 즉 이노베이션을 가져올 수 있다. 나노테크놀로지는 100 나노미터 이하에서 제작되는 상품의 생산, 연구조사, 구조의 응용, 분자물질, 표면과 극단표면과 관련된다. 여기서 가장 중요한 결정적인 것은 시스템을 나노 크기로 하여 기존의 것을 새롭게 변화시키거나, 새로운 특성을 동반시키는 기능성의 향상을 가져온다는 것이다. 이 새로운 효과와 가능성은 표면과 부피의 원자관계, 그리고 물질구조 단위에 내재하는 양자역학적인 행태로 인해 이루어진다. 주지하다시피 1나노는 10억분의 1미터이고, 원자를 5-10개를 목걸이 형태로 엮어 놓은 크기이다. 사람 머리카락의 단면이 1나노보다 5만 배 이상 크다.

<그림 1-3> 나노의 크기

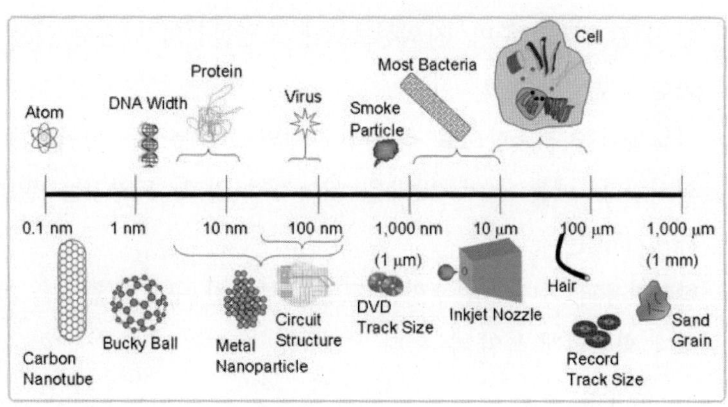

　한 원자나 분자는 전도성, 마그네틱의 특성, 색깔, 강도 그리고 특정한 융해점 등 우리가 알고 있는 물리적 특성을 갖지 않는다. 이와는

반대로 먼지가루의 크기는 모든 물리적인 특성을 갖는다. 우리가 만질 수 있는 철강과 똑같은 성질을 갖는다. 나노테크놀로지는 개별적인 원자나 분자, 그리고 다른 한편 우리가 볼 수 있는 고체 간의 간극 영역을 다룬다. 이 간극 영역에서 우리가 육안의 형태로는 관찰할 수 없는 현상이 나타난다. 그래서 구조의 크기와 기능이라는 중복된 관찰점에서 무엇이 나노테크놀로지에 속하는지를 정확히 정의하는 것은 매우 어렵다. 새로운 기능을 설명하기 위하여 예상되는 흐름을 들어 보자.

1) 정보기술이 복합화되면서 양자역학의 효과를 고려해야만 하는 나노 전자와 광전자 구조요소가 요구되고 있다.
2) 잘 알려진 물질의 센서적인 특성은 나노 크기의 구조를 변화시켜서 새롭고, 다양한 센서를 만들어 내도록 하였다.
3) 염료와 색에 새로운 최소의 미세 분자가 새로운 이용의 가능성을 제공한다. 예를 들어, 분자의 크기나 투명성을 조절하여 상이한 색깔효과를 주며, 자외선보호나 오염물질의 비흡수 같은 기능성을 높인다.
4) 나노물질을 최소한으로 섞어서 고체의 고유특성을 확연하게 변화시킨다. 예를 들어, 박막은 찢어지지 않고, 도자기는 절대로 깨지지 않는다.
5) 화학반응과 촉매제의 수명은 표면에 특정한 구조의 합성을 통해 보다 확실하게 높일 수 있다.

이러한 형태의 특성변화는 대개 새로운 물리적, 화학적 그리고 생물학적 작용원칙을 추구하기 위한 차원, 형태 그리고 성분비율을 응용하는 새로운 행위에서 나타난다. 이러한 통합적인 경향에 근거하여 현재의 나노테크놀로지는 세 가지 중요한 방향에서 지속적으로 발전하고 있다.

1) 물리적이고 기계기술적인 공정방법은 지난 세기에 점점 더 복합적인 회로설계와 이를 이용하여 마이크로 전자공학에서 소형구조의 생산(톱다운 구조)을 끌어내는 데 결정적인 역할을 추동하였다. 우리는 백화점의 상품진열대에서 보다 정교한 프로세서와 용량이 큰 저장매체와 저장 기기판을 만나게 된다. 최근에 개발된 칩의 성능은 이미 100나노미터의 경계선을 넘어섰다.[21]

2) 복합화학과 초분자화학에서 끌어낸 지식은 촉매, 박막기술, 센서기술 그리고 회로기술에 새로운 잠재적인 응용이 가능한 고분자, 기능적인 화학의 결합을 목적적으로 끌어내도록 한다.

3) 최근에 이루어진 생물학적인 과정에 대한 이해는 분자 영역과 세포 영역에 결정적인 영향을 미쳤다. 유전자에서 프로테인(protein: 단백질)으로 전달되는 정보의 흐름, 분자의 자기증식, 광합성 작용, 복합성 같은 다수의 과정이 이에 속한다. 장차 앞으로 근본적인 생물학적인 원리들이 기술시스템으로 접목될 것이다. 동시에 생명공학은 공정과정에서 기능성을 갖는 분자의 디자인까지 포함하는 엄청난 공작기기의 상자가 될 것이다. 이것은 뉴로칩, 이식, 인공적인 망막에 필요한 생명공학기술적인 하이브리드 시스템의 이식을 근접한 사실로 만들어 내고 있다.

무엇보다도 이 원리가 응용된 방법은 공정과 여타 다른 분야에서 끌어낸 전문지식을 통해 의미 있게 보완될 수 있다. 나노 크기의 물체를 조사하거나 혹은 의도적인 구조를 만들기 위해서는 대부분 물리적

---

21) 삼성전자의 개발현황과 홈페이지(http://www.sec.co.kr) 참조.

인 공정이 요구된다. 그러나 나노 크기의 분자의 제조는 일차적으로 화학적인 전문연구의 도움을 받는 분야이다. 구조를 갖는 단백질, 효소 그리고 바이러스 같은 생물학적인 나노 물체는 자연적인 프로그램 구조에 따라 자기증식을 한다. 동시에 나노 크기의 차원에서 세포의 에너지 획득과정 같은 근본적인 과정의 대부분을 작동시킨다. 마크로, 마이크로 그리고 나노 세계 간의 가교 건설은 시스템통합기술의 과제가 되고 있다. 툴의 개발, 설계와 시뮬레이션을 위한 공정, 실험방법, 제조와 결합기술 그리고 이에 상응하는 조립공정 등이 이에 필요한 시스템기술이 된다. 마이크로와 나노 인터페이스에서 제조와 결합기술에 대한 중요한 촉구사항은 꼭 필요한 기계공학적, 전자·전기공학적이거나 혹은 생화학적인 결합과 더불어 마이크로 시스템기술을 이용하여 나노 구조를 배선하거나 접목시키는 것을 실현하는 것이다.

〈그림 1-4〉 나노시장의 형성과정과 통합

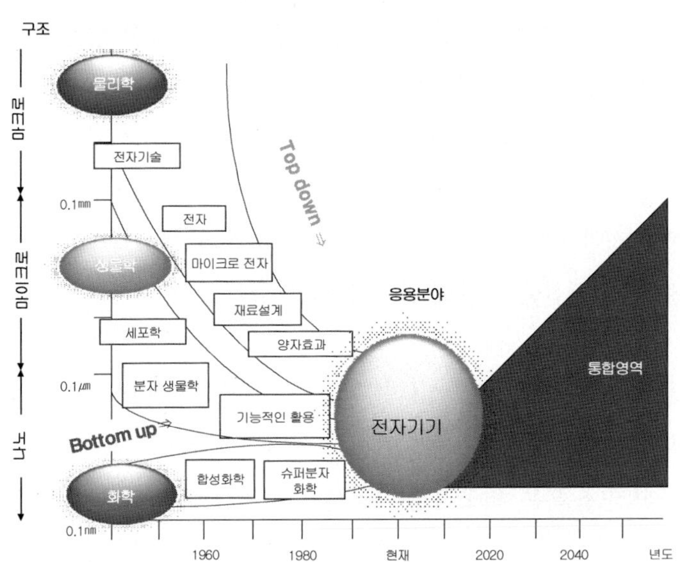

◆ 나노의 다양한 선택적 응용

나노기술은 상이한 경제적인 영역에서 집중적인 연구와 개발이 필요한 소재의 생산에 큰 기여를 하고 있다. 성공적인 상품생산을 가능케 하는 모터는 무게, 부피가 작고, 원자재와 에너지 소비가 매우 적어야 하며, 그리고 또한 속도가 빨라야 한다는 것이다. 나노기술의 특별함은 이러한 요구사항을 동시에 충족시킨다는 것이다. 따라서 거의 모든 하이터치 상품 분야에서 나노기술을 응용한 이노베이션의 물결이 예견된다. 예를 들어, 정보통신산업, 자동차 산업, 에너지 산업, 생산기술, 의약품 산업, 의학기술 산업 그리고 바이오공학산업을 들 수 있다. 현재 이러한 나노기술이 제공한 인식에 기초기술에 근원하여 이윤을 추구하고, 그 시장을 넓혀가는 일상적인 상품을 살펴보면 다음과 같다.

1) 컴퓨터, MP3, CD/DVD, 핸드폰: 수많은 전자 칩과 디스플레이, 저장장치 등이 필요한데 이에 필요한 도체소자는 모두 나노기술을 이용하여 그 기능이 향상되고 있다.

2) 광고판의 빛발광체, 형광등, 손전등은 효과적으로 전기에너지를 빛으로 전환한다. 그리고 현재의 전구보다 열을 덜 생산한다.

3) 나노 크기의 옥사이드(oxide: 산화물)분자는 피부에 손상을 가하지 않고, 선크림에서 햇빛을 차단하는 역할을 한다. 몇 가지의 태양광보호 섬유, 염료와 도료에서 이러한 자외선(UV: ultraviolet) 흡수 나노 분자가 활용되고 있다. 자외선을 반사하는 박막은 농업 분야에서 새로운 활용가능성을 보여준다.

4) 가정용품, 안경의 표면의 보호, 위생과 도색 분야에서 투명화 증진에 나노분자는 탁월하다. 표면의 상처, 흘러내림과 때타는 것

등을 방지할 수 있다.

5) 화학적인 나노기술은 자동차 도색의 색바램을 방지하고, 항공낙진에 따른 긁힘을 방지해 준다.

6) 비타민 알약은 나노분자적인 성분의 결합을 통해 효과적이 된다. 이 성분결합은 수용성과 인간신체의 흡수율을 결정한다.

7) 자연적인 나노분자 소재를 부분적으로 섞으면 예를 들어, 어린애의 기저귀에 요구되는 습도를 보다 크게 개선할 수 있다. 기저귀를 오랫동안 신선하게 유지하고, 공기의 비율을 일정하게 만들 수 있다.

이러한 여러 사례들에서 보듯이, 하이테크 분야에서 연구와 개발 활동은 글로벌한 시장에서 경쟁력을 높이고, 기존의 생산과정을 보다 효과적으로 개선하는 국가의 책무가 되고 있다. '나노 상품'의 생산은 전형적인 기초연구의 모습을 하며, 이것의 실제적인 과실은 대개 오랫동안 기다려야 딸 수 있다.

사회는 환경 친화적인 삶의 양식, 이동성, 급속하게 변한 정보통신 그리고 보다 효율적인 의료복지의 제공과 관련한 관점을 넓히도록 요구하고 있다. 나노구조의 형태를 한 바이오칩, 나노탐침, 지능적인 의약품의 신체주입 같은 의학치료와 처방이 제공하는 저렴한 새로운 가능성은 의료복지의 개선과 동시에 점점 더 고령화되는 '노인사회'에서 의료보험 비용을 저렴하게 할 수 있다. 나노기술에서 획득한 지식을 여러 사회 분야로 응용하는 시장전망은 다음과 같다.

<표 1-1> 나노기술이 주요 산업에 미치는 영향 전망

(단위: 십억 원)

구 분	2000	2005	2010	2015	2020	연평균 증감율	
						'01-10	'11-20
전자통신	5,069	18,277	56,449	151,484	333,465	27.2	19.4
의료	238	726	2,792	6,978	13,694	27.9	18.1
환경/에너지	333	813	2,724	6,255	14,673	23.4	18.3
생명공학	730	1,342	3,103	5,873	10,920	15.6	13.4
소재/제조	2,591	9,486	22,113	45,473	97,869	23.9	16.0
항공우주/수송기계	692	2,389	8,876	26,625	66,176	29.1	22.2
국방/기타*	500	2,354	8,853	22,277	55,227	33.3	20.1
합 계	10,153	35,387	104,910	264,966	593,024	26.3	18.9

* 기타는 행정/금융/사업서비스 등을 포함.
출처: 한국과학기술기획평가원(2005), 2005년도 나노기술 영향평가보고서, p.50.
(관련 산업별로 나노기술이 미치는 영향에 대한 설문조사를 근거로 환산한 전망치)

위의 표에서 보듯이 나노기술은 자동차 산업, 기계공학, 에너지 산업에서 많은 활용도를 찾을 수 있다. 그러나 더욱더 큰 관심을 끄는 영역은 바로 의학 분야이다. 암과 당뇨병 같은 불치의 병을 극복하는데, 이 나노기술의 응용이 새로운 활로를 열어주고 있는 것이다. 나노기술의 의학적 응용은 새로운 대륙을 발견한 것과 동일하다. 정보통신 분야와 나노의 결합은 우리의 삶을 가시적으로 변화시킬 것이 분명하다. '내 손안' 또는 '내 주머니 안'의 복합미디어는 나노기술의 도움이 없이는 불가능하다. 3차원의 영상제공과 수많은 데이터의 저장과 동시에 휴대해야 하는 미디어 사용의 모습은 나노를 일상의 삶 속으로 끌어들인다.

그래서 나노의 이노베이션 역량과 기술적인 특성에 대한 평가분석은 미래의 삶에 매우 중요하다. 왜냐하면 나노기술이 갖는 미래적 의미는 워낙 다양하고, 예측이 불가능한 면이 너무나 많기 때문이다. 사회적으로 원하지 않은 부작용을 줄이고, 시너지 효과를 높이기 위한 사회적 노력이 이제 필요한 것이다. 생태학적인 변화를 동반할 것이 예견되는 나노기술은 마냥 우리에게 '유토피아적인 응용'을 보장할 것인가 아니면 '응용물이 야기하는 예기치 못한 공포'를 부산물로 제공하면서 사회적인 비용을 높일 것인가? 현재 우리에게 제시된 나노의 비전은 그 형성성이 워낙 다양하고, 방대하기 때문에 우리의 삶에 어떠한 영향을 미칠 것인지 그리고 우리의 경제구조를 어떻게 변화시킬 것인지에 대한 공적인 논의가 조기에 필요함을 제기한다. 영국과 독일 정부는 연구자, 이용자 그리고 사회 간에 이 나노가 제공하는 사회적 이점 및 위험과 관련하여 대화를 주도하고 있다. 이미 유럽에서는 경제적인 잠재성과 사회정치적인 기회 그리고 위험과 관련한 다수의 연구를 진행하였다. 이러한 보고서는 나노 영역에서 일하는 행위자들에게 나노기술의 가치를 평가와 관련하여 필요한 수치와 정보를 제공하고 있다. 현재 나노기술과 관련한 기술영향평가에서 이 나노기술을 규제하고, 이에 필요한 법제화가 긴급하다는 주장은 제기되지 않고 있다. 그럼에도 예를 들어, 유럽연합과 독일의 과학기술부는 나노의 문제점을 사회적으로 중요한 연구의 한 부분으로 편입시켰다. 한 국가의 연구정책과 그 과제는 인간과 자연을 가장 잘 보존해야 한다는 것을 중시하기 때문이다. CO_2의 방출량 규제, 작업장의 보호 그리고 미세먼지 보호에 규정된 일정한 법제화는 바로 대표적인 보기이다.[22] 국가의 개입이 개인에게 요구되고, 사회시스템의 안정에 국가의 공권력이 항시 필요하다는 것을 인정하는 것이다. 그래서 나노기술과 관련하여 국가의 다양한 보호조치는 공적인 논쟁

---

22) 과학기술부의 이산화탄소 저감처리 및 처리기술개발사업단
　　(www.crda.re.kr). 참조.

의 대상이 되는 것이다. 사람에 응용하는 나노기술의 제 공정에 대한 확인과 법제화는 사회의 안전과 지속적인 발전에 필수적인 사회체가 되는 것이다. 나노는 우리에게 파괴가 불가능한 '괴물'이 될 수 있고, 반면에 모든 것을 해결해 주는 '컨시어지'가 될 수 있는 양면성을 갖기 때문에 나노의 위험에 대한 공적인 논의는 우리 사회의 건전성에 필요한 논쟁점이다.

3. 새로운 삶의 모델을 제시하는 자연과 세포의 기능

근대적인 공장은 매우 다양한 조직구조를 갖고 있는 시스템이다. 이 시스템은 경제성과 효율의 원리를 따라 작동하며, 에너지와 원자재를 가능한 적게 투입토록 요구한다. 동시에 생산과정에서 나오는 부산물을 되도록 줄이고, 이것이 불가능하면 재활용토록 요구한다. 이러한 원칙을 사회적으로 수용하고, 가능케 하는 탁월한 보기가 나노 척도에 있다. 바로 세포이다. 인류가 여러 기술을 발전시켜 왔지만 빛의 과정을 인류의 삶 속으로 접목시킨 것은 얼마 되지 않는다. 수많은 식물과 동물이 있지만, 이러한 생물의 기본적인 작은 단위가 바로 세포이다. 식물이나 사람 모두에게 이것은 모두 공통적인 모습이다. 어떻게 이 세포는 완벽한 나노공장이 되었을까? 매우 궁금하다.

400만 년 전으로 돌아가 보자. 이때 지구의 환경상태를 급격히 변화시키는 생명의 탄생현상이 나타났다. 이 당시는 30억 년 동안이나 따뜻한 대양이 지구의 표면을 감싸고 있었던 시기였다. 물은 엄청난 미네랄을 갖고 있었고, 이 미네랄로 구성된 합성물은 점점 더 다양한 모습을 하게 되었다. 오존층이 없어서 태양이 뿜어내는 자외선이 어떠한 여과장치 없이 지구에 강하게 쏟아졌고, 이 자외선은 태초의 대기권에서 화학반응을 시작하였다. 이 화학반응은 수소, 메탄, 암모니아, 물, 황화수소 같은 간단한 가스가 점점 복합적인 결합체를 생성토록 유도하였다. 비는 이러한 복합체를 대양에 넘치도록 하였다. 이러한 태초의 대기권의 상태는 간단한 세포와 비슷한 형태의 다양한 분자를 나노크기의 둥근 공으로 만들어 냈다. 소위 소포자(Mikrospaehren)는 주위에 있는 용해된 물질을 수용하고, 분리하는, 즉 번식하는 능력을 갖게 되었다. 이러한 관점에서 러시아의 생화학자 알렉산더 이바노비취 오파린(Alexander Iwanowitsch Oparin)은 1924년에 생명의 기원에 대한 이론을 발표하였다. 이 이론에 따르면 아미노산, 당분, 지방, 질소와 같은 생명의 탄생에 결정적인 전제조건인 화학적인 결합이 초기의 대기권에서 형성되기 시작하였다. 미국 시카고대학의 생화학자 스탠리 밀러(Stanley L. Miller)는 1953년에 실험실에 태초의 대기권을 만들어서 반응토록 하는 획기적인 실험을 수행하여 바로 오파린의 이론을 실험적으로 증명하였다. 소포자에서 간단한 세포로 발전하는데 약 50만 년이 걸린 것으로 보고 있다. 진화의 과정에서 자연은 이러한 방법으로 나노공장이라는 기발한 판타지를 능가하는 생물학적 시스템을 창조하였다. 이러한 의미에서 세포는 이러한 생물학적 관점에 맞는 궁극적인 모델이고, 인간이 행하는 연구의 최종목적이 될 수 있다.

◆ 진화의 흔적: 자기조립과 자가복제

세포는 가장 작은 생명의 단위이며 동시에 번식능력이 있는 단위이다. 그래서 세포는 원시생물로 표현된다. 세포는 생명의 기준에 필요한 일련의 것을 가장 간단하게 충족시킨다. 이 특징들을 기준에 전체적인 유전자 정보가 들어 있는 게놈이 속한다. 이것은 생산되는 모든 것의 건축설계도가 저장되어 있는 곳이다. 전체적인 조직에서 DNA는 이러한 과제를 갖고 있다. DNA 시스템은 생존에 필요한 단백질의 생산을 주도하고, 동시에 전사과정(轉寫過程)23)과 전달하는 이동(translation)의 방법을 운용한다. 이것은 매우 효과적인 컨베이어과정인 것이다. 세포는 단백질 합성과정을 통해 자가복제를 하고, 자신의 주위에 있는 분자(즉 원료)를 처리하는 일련의 자동생산과정을 통해 에너지를 만들어 낸다. 또한 자체를 다양하게 만들고, 보수하고, 움직이게 하고, 보호하는 구성물질로 전환시킨다.

이러한 모든 작업을 수행하기 위하여 세포는 두 가지의 상대적으로 간단하고, 이에 효과적인 전략을 취한다. 첫 번째 전략은 간단한 구성요소에서 목걸이처럼 연결된 큰 분자구조를 만들어 내는 중합작용(Polymerisation)이다. 두 번째는 세포가 자생적으로 기능적인 3차원 형상으로 변형되는 분자를 구성하는 자기조립(Selbstorganisation)24)

---

23) DNA에서 유전정보를 받은 전령 RNA분자가 단백질을 합성하는 과정을 말한다.

24) 영어로 Selforganisation으로 표현되는 자기조립은 자연 속에서 구조형성과 성장을 만들어 내는 기본 원칙 가운데 하나이다. 신비스러운 느낌을 불러일으키는 이러한 규칙 뒤에 숨어 있는 것은 관련된 분자 사이에 존재하는 물리적, 화학적 상호작용이다. 원자, 분자 그리고 세포 같은 복잡한 조직은 상호 간에 지속적인 교환이 이루어진다. 그들은 물리적 힘을 통해 서로 잡아당긴다. 그리고 서로를 밀쳐낸다. 또는 화학적인 결합으로 묶인다. 이 상호작용은 자연의 모든 곳에서 발견할 수 있는 모든 놀라운 모형을 만들어 내는 보이지 않는 손이다. 상대적으로 매우 간단한 구성물질에서 매우 복잡하고 상이한 구조가 스스로 생긴다. 그래서 생명이 탄생된다. 이 구조의 특성은 질적으로 새롭고 그리고 개별적인 구성물질의 특성을 넘어선다. 기술에서 이러한 자기조립은 미래에 중요한 역할을 할 것이다(Bild der Wissenschaft 8/2005, p.90의 내용을 요약함). 자기조립방법은 외부의 물리적인 힘이 아니라, 자연적인 화학결합을 이

이다. 그래서 아미노산은 폴리펩타이든(polypeptiden) 형태로 이루어진 끈 위에 진주목걸이처럼 이어져 있고, 이것은 독자적으로 효과적인 기계인 단백질로 전환된다. 공간에 설치되는 것을 위해 긴요한 모든 정보인 설계도는 '진주'의 순번에 숨겨져 있다. 그래서 RNS(활성질소종: Reactive Nitrogen Species)와 단백질을 생산해 내는 중요한 분자는 DNS이다. 단백질은 다시 세포 속에서 다른 분자를 만들기 위한 생산단위가 된다. DNS는 여타 다른 단백질, 핵산 또는 다른 작은 분자와 결합하여, 더 큰 기능체로 창조되는 능력을 갖고 있다. 복합적이며, 공간을 갖는 형성체를 생산하기 위하여 분자적인 자기질서의 여러 단계를 취하는 선형적인 이 합성방법은 가장 효율적인 모습을 한다. 화학적으로 보아 세포는 가장 촉매작용이 잘 일어나는 장소이다. 촉매제는 자신을 없애지 않으면서도 화학반응을 가능하게 하고, 촉진시킨다. 무엇보다도 원시생물은 센서, 펌프 또는 모토처럼 작동하는 여타 기능적인 부품이 요란하게 움직이는 작은 공장이며, 장터였다.

공장으로 간주되는 세포에서 가장 중요한 나노기계는 무엇보다도 에너지공급을 떠맡고, 자기증식의 성분을 생산해 내고 그리고 모든 과제에 대한 정보입력을 수행하는 분자적인 촉매제이다.

우리의 삶에 결정적인 모델이 되는 나노기계는 '녹색 공장'에서 일하는 엽록소와 해초에 들어 있는 염소합성수지이다. 이것은 햇빛을 화학에너지로 전환시키고, 이 방법으로 세포의 과정에 힘을 공급하는 광합성작용을 진행시킨다. 염소합성수지는 광자로 전환 시, 물과 탄수화물로부터 산소를 생산하고, 이 산소에 우리의 삶과 호흡이 좌우된다.

용하여 양자점을 배열한다. 여러 학자들이 이 방법을 이용하여 특정한 구조를 갖는 고분자 박막을 생성시킨 후에 양자점 나노분말을 이용하여 특정한 위치에 흡착시켜서 배열하는 나노구조를 만들어 내고 있다. 리소그래피 방법과 자기조립법으로 양자점 구조를 생산한다.

실제로 이 산소는 모든 공정에서 나오는 쓰레기이다. 동물세포에는 이 염소합성수지가 없고, 대신에 미토콘드리아가 힘을 생산하는 발전소의 기능을 한다. 포도당이 연료로 사용되는 것이다. 동물세포에서 힘은 터빈과 발전기 없이 발생되고, 세포의 분화를 통해 움직이고, 이를 통해 다양한 생물학적 반응을 가능케 하는 소위 아데노신 3인산(燐酸: adenosine triphosphate: ATP)[25]이라는 에너지 분자를 만들어 낸다.

◆ 성공적인 소형화: 나노 세계로 들어가는 문

세포는 기능이 다양하고 엄청난 일을 함에도 불구하고 매우 미세한 형태로 기능을 하고, 조직적인 활동을 한다는 것은 놀라운 일이다. 이와는 반대로 인간은 거꾸로 된 길을 취하고 있다. 큰 것에서 시작해서 작은 것으로 오고 있는 것이다. 그래서 인지 포스트모더니즘이 시작되면서 소형화는 인간의 삶의 환경을 바꾸는 가장 중요한 전략의 하나가 되었다.[26]

사물을 점점 더 작게 만드는 차원에 대한 요구와 그 근거는 매우 다양하다. 가장 중요한 것은 소형화가 자원을 절약토록 하고, 공간을 줄이고, 원료와 에너지를 절약토록 하기 때문이다. 소형화는 구성부품, 구성요소 그리고 시스템을 작게 하면 할수록, 큰 생산품의 개수를 소위 '일괄처리(batch processing)' 형태로 제작할 수 있게 하면서 낱개

---

25) 생체 내에서 에너지를 얻고 그것을 이용하는 데 중요한 역할을 하는 물질이다. 일반적으로 ATP로 서술한다.
26) 독일의 물리학자이며 마이크로 공학자인 볼프강 에르펠트(Wolfgang Ehrfeld) 교수는 독일이 지속적으로 선진국의 대열에 머무르기 위해서는 나노기술에 매달려야 한다고 1990년에 이미 주장하였다. 이 주장을 통해 독일과학기술부는 현재까지 엄청난 재원을 나노의 응용기술 개발에 투자하고 있다.

의 값을 내릴 수 있다. 이것은 효율성의 드라마틱한 증가를 도모하거나 혹은 미세한 수백만의 요소를 새로운 기능과 신뢰성을 갖는 하나의 시스템으로 통합시킬 수 있게 한다. 이것은 메모리칩에 해당하고, 인간을 고등동물이나 혹은 식물로 간주하던지 간에 자연에서 고도화된 세포의 복합체 같은 마이크로프로세서에 비교된다.

가장 성공적인 전략은 항시 처음에는 불신과 그것이 갖고 있는 이노베이션과 새로운 기술적 가능성과 유익함을 애써 낮게 평가한다. 이것은 우리의 과학사에서도 증명된다. 50년 전에 마이크로일렉트로닉 (Micro Electronic)의 시대적 의미와 미래적 발전에 불신을 보였던 일부 전문가의 관점을 현재 그 누구도 믿지 않는다. 기가비트의 메모리칩의 제작에 부정적인 의견을 피력했던 전문가의 관점은 전문가가 우리에게 잘못된 방향을 제시할 수 있음을 보여준 것이다.

전자공학 분야에서 이루어진 소형화의 성공은 반도체 산업의 이노베이션에 대한 템포를 높이고, 그 의미를 더욱더 크게 하는 데 기여하고 있다. 하였다. 18개월마다 반도체 칩의 성능이 배가 된다는 무어의 법칙은 이것을 증명하고 있다.[27] 이제는 삼성전자의 기술적 개가로 '황의 법칙'이 이러한 개념을 대체시키고 있다.[28] 이것은 점점 더 미

---

[27] 무어(Moore)는 Intel사의 공동 창업자이며 1968년에 성능은 높아지지만 가격은 오히려 떨어진다는 이 법칙을 발표하였다. 필자가 물리학을 공부할 때 그 누구도 이러한 기술의 의미에 관해 강의실에서 논하지 않았다. 과학커뮤니케이션에 대한 인식이 없었기 때문이라 생각한다.

[28] 반도체 메모리의 용량이 1년마다 2배씩 증가한다는 이론이다. 1960년대에 반도체시대가 시작되면서 인텔사(社)의 공동설립자인 고든 무어 (Gordon Moore)는 마이크로칩에 저장할 수 있는 데이터 용량이 18개월마다 2배씩 증가하며 PC가 이를 주도한다는 이론을 제시하였다. 이를 '무어의 법칙'이라고 한다. 실제 인텔사의 반도체는 이러한 법칙에 따라 용량이 향상되었다. 그러나 2002년 국제반도체회로학술회의(International Solid Sate Circuits Conference; ISSCC)에서 삼성전자 반도체총괄 겸

니화, 미세화되는 추세를 제시하는 것이다. 끊임없는 미니화의 전략과 이것이 동반한 긍정적인 결과는 전자공학을 벗어나 화학, 광학 그리고 의학 분야로 확대되고 있다. 그래서 나노기술은 미니화, 즉 하향식 방식(top-down)의 새로운 이정표를 세울 수 있고, 동시에 원자의 조절과 자기조립에 근원하는 상향식(bottom-up)기술의 개발에 큰 관심을 기울이게 하였다. 이 방법을 활용하여 원하는 형태로 시스템을 제작하는 것은 이제 시작되고 있다. 이 작게 만드는 기술을 크게 성공시키는 것이 무엇보다 중요하다. 여담이지만, 정치 이데올로기적으로 국가의 미래와 민족의 미래를 좌우하려는 작금의 우리의 정치 환경은 우리의 건강한 미래를 담보하지 못한다.

메모리사업부장의 황창규 사장이 '메모리 신성장론'을 발표하였다. 그 내용은 반도체의 집적도가 2배로 증가하는 시간이 1년으로 단축되었으며 무어의 법칙을 뛰어넘고 있다는 것이었다. 그리고 이를 주도하는 것은 모바일 기기와 디지털 가전제품 등 non-PC 분야라고 하였다. 이 규칙을 황창규 사장의 성을 따서 '황의 법칙'이라고 한다.

2장

나노세상의 탐험

1. 나노기술과 새로운 산업전략

나노기술은 제5차 산업혁명의 수레바퀴가 되었다. 왜냐하면 나노미터는 양자역학의 효과가 점점 더 큰 역할을 하는 한계 영역을 표현하기 때문이다. 나노기술은 고전역학이 적용되지 않으며 양자역학의 특성에 기초한 세상을 만들고 있다. 전 세계적으로 기술 영역 전체에 근본적인 변화를 가져올 수 있는 잠재력으로 인해 나노기술은 미래를 여는 새로운 핵심기술로 간주되고 있다. 원자차원에서 의도적 조작이 가능한 나노기술에 대한 최초의 비전을 1959년 노벨물리학상을 받은 미국의 물리학자 리차드 파인만(Richard P. Feynman)이 제시하였다. 그의 다음과 같은 물리학적 주장은 나노기술의 출발점이었다.

> 나는 궁극적으로 앞으로 우리가 원자를 원하는 방향으로 그리고 모든 곳에서 배열시킬 수 있다는 것에 문제제기를 하는 데 두려워해서는 안 된다고 생각한다. 만약 우리가 원하는 대로 원자를 차례로 배열할 수 있다면 무슨 일이 일어날까? …… 만약 우리가 원하는 형태로 실제로 원자를 배열할 수 있다면 물질의 특성은 어떻게 변화될까? …… 작은 단위의 원자는 어떤 것도 큰 단위의 원자처럼 반응하지 않는다. 오히려 양자역학의 법칙을 충족시킨다. …… 원자차원에서 우리는 새로운 형태의 힘과 가능성 그리고 효과를 보게 될 것이다. 물질의 생산과 재생산의 문제는 전혀 별개의 것이 될 것이다. …… 내가 보는 한 물리법칙은 원자로 원자를 움직이게 하는 가능성에 대해 이의를 제기할 수 없다. 지금까지 어떠한 법칙을 뛰어넘으려는 시도가 없었다. 원칙적으로 가능하다. 그러나 실제로 그것이 너무나 거대하여 실행하지 못했을 뿐이다(Feymann 1959).

1990년 IBM사의 아이글러 박사를 필두로 한 일군의 학자들이 35개의 원자로 IBM 로고를 크리스탈 표면에 쓰는 것을 성공시키면서 이러한 비전이 실제로 현실화되었다. 그동안 나노기술은 순수한 기초기술로 연구되어 왔으나, 이제는 다양한 분야로 그 기술이 응용되고 있다. 잘 알려진 최근의 히트상품과 다양한 형태로의 기술발전은 모두 나노기술에 기초한다. 나노에 대한 사회적 인식이 아직은 폭넓지 못하지만 이 기술은 여러 분야에 접목되고 있다. 나노기술은 새로운 효과에 기초하여 이러한 이노베이션을 가능케 하는 소위 '만능기술(enabling technolgy)'로서 더욱 큰 의미를 갖는다.

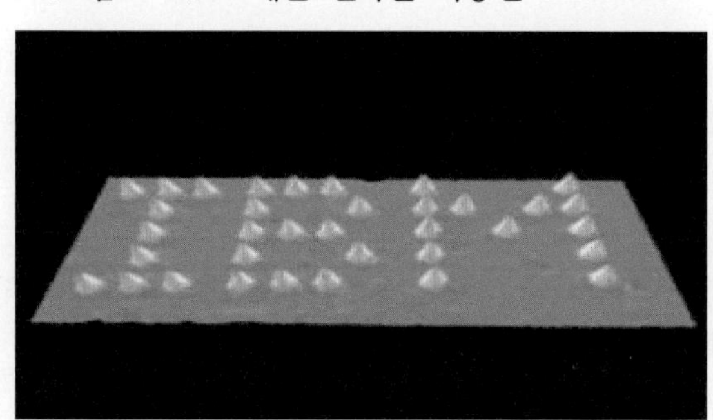

〈그림 2-1〉 크세논 원자를 이용한 IBM 로고

◆ 나노기술에 대한 기대

근본적인 이노베이션이 나노기술을 토대로 하여 전 기술 영역에서 혁명적으로 이루어질 것이라는 것에 그 누구도 이의를 제기하지 않는다. 정보통신기술에서는 현재 한계에 도달한 실리콘 전자공학기술을 대체하는 새로운 연산구조의 컴퓨터를 기대할 수 있다. DNA 컴퓨터와 양자컴퓨터로 그 실체가 개념화되고 있다. 에너지기술 분야에서 나노기술은 새로운 광합성 전지, 수소저장 그리고 동력장치에서 기능적

진동판을 만들어 내는 소재를 통해 엄청난 변화를 유도하고 있다. 고도로 특화된 촉매제의 생산을 가능케 하는 새로운 나노입자는 화학적인 생산기술 영역을 혁명적으로 변화시킬 것으로 예상되고 있다. 의학분야에서는 나노입자를 면역시스템과 혈관 및 뇌의 장애를 극복하는 작용물질의 연구에 접목시키는 데 집중하고 있다. 나노기술의 전방위적 특성과 전체 기술 영역을 변화시키는 시스템 이노베이션적 잠재성으로 인해 나노기술은 단지 기술적인 영역만이 아니라, 경제, 생태시스템 그리고 사회적 응용을 동반하는 지렛대 기술로 간주되고 있다. 화학노벨상 수상자이며 탄소공(Great Balls of Carbon)의 발견자인 리처드 스몰리(Richard E. Smalley)는 나노기술을 건강, 복지 그리고 삶의 수준에 영향을 미치는 포괄적 기술로 그 특징을 설명하고 있다.

> 나노기술이 보건과 건강, 사람들의 삶의 수준에 미치는 영향은 마이크로 전자공학, 메디컬 영상기술, 컴퓨터를 이용한 공학, 그리고 인간이 만든 중합체(polymers)를 모두 결합시킨 영향에 버금가는 것이 될 것이다(Smalley 1999).

이러한 평가는 사변적인 억측일 수도 있으나 구체적인 연구결과와 개발행위에 근거하여 제시된 것이다. 이미 전공 영역에서뿐만 아니라 미디어의 과학보도를 통해 논쟁이 되고, 이를 통해 이루어진 공적인 수용에서 제시된 다양한 응용의 관점은 중요한 사회적 의미를 갖는다. 이러한 비전의 출발점은 앞으로 특정한 소재를 조작하여 원하는 형태로 원자를 자유롭게 구성할 수 있다는 관점이다. 개인의 관점에 따라 이러한 비전에서 '경악하는 모습'과 반대로 모든 문제를 해결하는 '환호의 모습'을 끌어낼 수 있다. 모든 것에 앞서서 에릭 드렉슬러는 자신의 저서 〈창조의 엔진(Engines of Creation, 1986)〉에서 이와 관련한 논쟁을 이끌어 내었다. 동시에 자신이 제시한 '인공적이고, 박테리아와 같은 자기증식이 이루어지며 그리고 지능적인' 나노기계를 통해 분자나노기술을 미래의 비전으로 설명하였다.[29] 이러한 컨셉의 실현 가능성은 전문가 간에 뜨겁게 논쟁되고 있다. 이 논쟁에서 드렉슬러는 학술적 문외한으로 취급되었다. 그러나 그가 제시한 아이디어는 엄청난 사회적 결과를 동반하고 논쟁의 대상이 되어 새로운 연구의 지평선을 열었음을 부인할 수 없다. 나노기술의 기회와 위험에 관한 정치적 논쟁 그리고 공적인 담론은 현재의 사회적 문제를 해결하는 관점에서 포괄적으로 인정받고 있다.

나노차원을 연구하기 위해서는 두 가지 근본적이고 기초적인 방식이 있다. 첫 번째 방식은 우선 물리학과 역학적 기술 영역에서 지배적인 하향식방식이다. 마이크로기술에 근거하여 구조와 요소를 점점 더 초소형화시키는 것이다. 이러한 추세를 동인하는 중요한 동력은 전자적인 요소를 칩 속으로 끌어들이고, 이에 맞게 구조를 초소형화시키는 전자산업에서 나온다. 100나노의 작은 크기를 생산할 수 있는 생산방식은 현재 곧바로 칩 산업에 접목되며, 더 미세한 형태로 칩을 제작해 내는 방법이 개발되고 있다. 실리콘 전자물질과 관련하여 축적된 엄청난 제조기술은 실리콘을 이용한 집게 굴착기, 톱니바퀴 같은 미세한 부품을 제작하는 데 응용되고 있다.

두 번째 방식은 상향식방식이다. 이 방식은 항상 복합적인 구조를 원자나 분자에 기초하여 원하는 형태로 합성하는 것이다. 이 방식은 지금까지 화학과 생물학 분야에서 주로 활용되고 있으며, 나노 차원에서 신뢰성을 얻어가고 있다. 콜로이드(Kolloide), 클러스트, 초분자 구조 그리고 단백질 같은 나노 크기의 분자덩어리 생산뿐만 아니라, 나

---

29) Drexler 1986, Drexler et al. 1991 참조.

노입자의 크기와 형태로 그리고 그러한 성질을 갖도록 원하는 형태로 디자인하는 것이 이 방식의 목적이다. 크기와 표면의 특성 그리고 형태를 원하는 형태로 배열하는 것이다.

자연은 복합적인 생물학적 나노 구조의 융합을 위해 이 상향방식을 대규모로 이용한다. 예를 들어, 기능적인 생물학적 분자, 세포조직은 복합적인 생물학적 나노 구조이다. 그래서 생물학적 원리와 구조형태에 대한 이해의 증가와 이것을 기술적인 영역으로 응용하려는 사회적 욕구는 나노기술을 더욱더 확대 발전시킨다. 이것을 'Bio 2 Nano'라고 부른다. 나노세계가 제공하는 이노베이션의 중요한 잠재성은 이 두 방식을 결합해서 그 성과와 장점을 극대화할 수 있다는 것에 있다. 즉 나노기술의 이노베이션적 특성을 '어떠한 것을 작게 만드는 것'에 제한하여서는 안 된다는 것이다. 더욱 새로운 효과와 특성이 나타나는 거대한 부피를 지닌 영역에도 이러한 기술의 응용이 개방되어야 하며, 기술 분야의 상호작용적인 특성을 고려하는 이노베이션적 접근방법이 요구된다는 것이다.

◆ 새로운 형태의 기술효과

거대한 물질세계는 고전역학의 법칙으로 폭넓게 설명되는 데 반하여, 나노크기의 마이크로 물질세계는 양자역학으로 설명된다. 즉 물질의 대상이 양자역학으로만 설명되고 특성을 융합할 수 있다는 것이다. 이 외에 물질의 부피적 특성에 반해 표면의 특성 또는 다른 물질과 구별되는 경계표면의 특성이 중요한 역할을 하게 된다. 이 변화된 모습을 정리하면 다음과 같다.

<표 2-1> 나노세계와 마크로 물질세계의 차이점

마크로 물질세계	나노세계
고전역학	양자역학
고체적 특성	결합적 특성
부피용적이 중심	표면이 중심
동질적 물질	비동질적 물질의 혼합
단순한 소형화	자생조직의 조합
통계적인 응집/응결	개별적인 입자

나노입자는 전형적인 고체물질적 특성을 잃어버리고, 오히려 하나의 큰 분자로 간주된다. 입자의 전자적, 화학적 그리고 광학적 특성은 입자의 크기를 급격하게 변화시킨다. 이것은 나노입자에서 전자는 단지 입자의 크기에 종속되는 불연속적 상태를 수용할 수 있다는 것이다. 그래서 예를 들면 금속원자의 나노입자는 반도체가 되든지 아니면 도체가 되는 것이다. 그리고 색깔, 형광 또는 광도 같은 광학적 특성을 나타낸다. 나노소재의 열, 마그네틱 또는 역학적인 특성의 중요한 기본토대는 표면과 용적/부피의 크기 관계이다. 표면원자는 높은 반작용을 하며, 대체적으로 입자의 화학적 특성(촉매적 특성)에 결정적인 영향을 미칠 수 있는 연결구조를 갖고 있지 않다. 표면의 용적을 넓힘으로써 개별적인 입자의 표면에너지는 증가하고, 동시에 그 표면의 액화점이 떨어지거나 또는 표면이 둥글게 되어 기화점을 높일 수 있다. 또한 입자크기에 대한 정확한 통제를 통해 입자의 특성을 특정한 경계선에서 나타나게 할 수 있다.

나노기술에서 점점 더 중요해지는 것은 생물학적 시스템에서 확대되는 자기조립과 관련한 자동조절적 특성과 이에 대한 이해이다. 지금까지는 이러한 생물학적 자동조절 시스템에 대한 이해가 일천하기 때문에 현재는 주로 잘 알려진 조직의 자기조립이 나노기술의 개발에 접목되거나 또는 조작적으로 응용된다. 전형적인 응용 분야는 DNA분자로 구성된 복합체 덩어리를 융합하는 것이다.

나노 크기의 소자와 물질은 전체 나노기술의 중요한 토대를 형성한다. 이러한 나노 크기의 소자와 물질은 현재의 물질에서는 발견할 수 없는 일련의 독특한 특성을 제시한다. 이러한 특성에 바로 초유연성, 초강도성, 응고성 그리고 견고성이 포함된다. 기능적 측면에서는 개선된 연성마그네틱의 특성, 거대전자기 저항효과, 저온/고온성 열전도성 그리고 높은 전자기적 저항을 들 수 있다.

나노기술은 고도화된 차원에서 학제적이며, 또한 영역 통합적인 협력과 커뮤니케이션을 요구한다. 이것은 나노 차원에서 물리, 화학, 생물의 개념이 서로 '녹아들고' 있다는 차원과, 각 분야에서 이루어진 연구 성과가 개별적인 연구방법을 보완하고 발전시키도록 접목되어야 한다는 주장에서 그 근거를 찾을 수 있다. 나노 크기의 물질을 분석하기 위해서는 주로 물리적 방법이 사용된다. 초소형화와 구조화에 대한 분석은 물리법칙에 근거한 기술을 사용한다. 이와는 반대로 나노 입자의 생산은 우선적으로 화학적 활동의 결과로 간주된다. 단백질, 효소 그리고 바이러스 같은 생물학적 나노물체는 광합성처럼 대부분의 기본적 과정이 나노 크기나 분자크기의 차원에서 이루어지는 자연의 구조에 따른 자기조립을 통해 생성된다.

나노 크기의 물체에 대한 기술적 응용과 관련해서는 이와 반대로 석판인쇄기법, 생물학적/유전공학적 또는 화학적 방법, 레이저 기술, 플라스마 기법 등이 복합적으로 활용된다. 따라서 나노기술에서는 화학, 물리 그리고 생물학에서 사용한 고전적 원리들이 분리된 과학적 지식형태로 존재할 수 없고, 물리학의 법칙성, 화학의 소재적 특성 그리고 생물학적 원리를 공통적으로 묶어내는 '영역통합적' 연구[30]의 길을 열어 놓고 있다.

2. 나노기술의 구조와 응용 영역

나노기술의 기본구조에는 100나노미터 보다 작은 점처럼 배열된 3차원 구조(양자점: 예를 들어, 나노크리스탈, 클러스터 또는 분자), 2차원이 나노 크기로 형성된 선형구조(양자선: 나노선, 나노튜브), 그리고 단지 1차원에서 나노 크기를 갖는 단층구조가 있다. 동공(vacancy), 초분자 구조는 '역(inverse)' 나노 구조를 갖는 것으로 분리된다. 이러한 기본구조를 생산해 내는 방법과 도구의 개발 없이 나노기술을 논하는 것은 불가능하다. 따라서 이러한 기본구조에 기초한 기술개발이 점점 중요해지고 있다.

◆ 양자점 구조

양자점 형태란 간단한 표현으로 3차원 모두가 나노 크기의 구조를 가지며, 나노입자가 크리스탈 또는 비결정질, 클러스터, 소위 거대분자 형태를 나타낸다. 예를 들어, 금속의 자성입자는 매우 작은 분자의 크기를 갖는다. 이러한 성질은 고체와 분자의 특성 가운데에 놓여 있다. 나노입자는 용적과 부피에 비해 매우 큰 표면을 갖는다. 표면의 원자는 내부에 있는 원자처럼 많은 결합체 파트너를 요구하지 않는다. 그래서 다른 특성을 가지며, 보다 운동적이다. 나노입자로 구성된 물질

---

30) 최근 '통섭'이라는 개념이 이러한 추세를 개념화하고 있다.

의 다양한 특성은 표면의 특성을 통해 규정된다.

그래서 나노입자는 더 큰 단위체로 결합되는 특성을 갖는다. 그래서 외부의 화학적 특성으로 묶여 있는 원자집단은 안정적이고, 응집을 통해 외부의 힘으로부터 영향을 받지 않는다. 그래서 대부분의 나노입자는 전형적으로 둥근 특성을 갖는다. 이것은 내부공간을 극단적으로 크게 만들도록 한다. 나노공동(空洞)을 갖는 소재의 이러한 특별한 특성은 촉매제, 필터막 그리고 전극에 활용된다.

나노입자의 전기적, 광학적 특성은 결정적으로 입자의 크기에 좌우된다. 입자를 규격에 맞추어 조절하는데 입자의 크기에 대한 정확한 통제는 핵심이 된다. 형광색을 단순히 크기의 조절을 통해 녹색에서 노란색 또는 붉은색으로 조절하는 카드뮴 셀레나이드 나노입자의 통제는 대표적인 예이다. 이러한 나노크리스탈은 입자의 제거를 통한 탈착을 통해 생산될 수 있고, 생물학적 시스템의 조직 또는 발광다이오드의 형성에 적합하다. 특별한 구조와 이것의 독특한 특성으로 인해 점점 더 중요해지는 물질의 형태는 탄소공(空)이다. 상이한 크기의 5면체 또는 6면체로 구성된 굴(Cage)형태[31]의 탄소분자는 논의의 핵심이 된다. C20 분자와 C60 분자는 가장 작은 형태로 만들어질 수 있는 탄소공이다. 큰 플러렌은 외부의 낯선 원자를 내부로 끌어들이는 모습을 한다. 마크로스코프단위의 크기[32]에서 플러렌의 생산은 흑연의 기화와 증발을 통해 가능하다. 이 방식의 도움으로 10% 정도의 탄소공으로 구성된 카본블랙이 생산된다.

높은 잠재적 활용도를 갖고 있는 탄소공의 특성은 무엇보다도 완벽한 동형회전체와 기술적 안전성을 갖는다. 그래서 이러한 특성은 초광

---

31) 우물형태라고도 한다. 우물처럼 파져 있는 것을 말한다.
32) 전자현미경으로 볼 수 있는 크기를 말한다.

적인 표면 사이에 이상적으로 분자공을 넣을 수 있다는 것이다. 이 외에 탄소공은 공간적으로 선택을 하며, 원하는 형태로 분자입자를 연결시킬 수 있다는 이중결합의 가능성을 제공한다. 다양한 형태로 디자인할 수 있으며, 응용할 수 있다는 가능성은 현재 어떠한 정확한 형태로 그려낼 수는 없지만 분명한 것은 현재와는 다른 다양한 형태의 소재를 만들어 내는 길을 열어 놓았다는 것이다. 탄소의 다양한 생물학적 적합성은 일련의 의학적 응용을 기대토록 한다. 탄소공 외부에 생물학적으로 선택적이며 운동성이 높은 분자를 붙일 수 있다는 것이다. 그래서 기능적인 탄소공에 집어넣은 방사성핵의 한 종류인 '방사선핵종(Radionuclide)'33)은 특정한 부위에 대한 진단과 치료를 할 수 있도록 전달될 수 있다는 것이다.

　나노분자는 다른 것과 절연된 독립적인 형태가 아니라, 결합체를 하고 있다는 것에서 중요한 의미를 갖는다. 나노입자로 생산된 물질은 나노가루 혹은 분말의 형태로 존재할 수 있고, 이 외에 클러스터로 결합된 고체(클러스터 물질/재료), 나노혼합물(나노 크리스탈), 나노공동이 있는 고체의 형태를 형성할 수 있다. 동시에 액체형태 혹은 가스형태의 매질로 분산될 수 있다. 나노촉매에 적당한 나노크리스탈의 저장을 통해 표면에 소위 나노섬을 만들어 낼 수 있다.

---

33) 방사능을 가지는 핵종을 말한다. 자연에 존재하는 것은 천연방사성 핵종, 인공적으로 만들어 낸 것은 인공방사성 핵종, 우주선에 의한 핵반응으로 생긴 14C, 3H과 같은 것은 유도 천연방사성 핵종, 지금은 없지만 오래 전에 천연에 존재했을 것으로 예상되는 것은 소멸방사성 핵종이라 한다.

◆ 양자선(선형나노)구조

선형나노 구조는 나노튜브, 나노선, 나노침 그리고 표면 위에 나노우물(굴)형태로 나타난다. 작은 나노미터를 갖는 섬유구조는 지름과 길이가 마이크로미터가 되는 나노선으로 표시된다. 이와는 반대로 나노침은 길이가 단지 지름보다 4~10배 정도 되는 크기를 갖는다. 나노우물은 표면에 리소그래픽 방법으로 생산되는 '역나노구조'로 존재한다. 굴 형태로 된 표면의 융기를 따라 이루어진 우물은 선형적인 나노섬을 생산한다.

지금까지 집중적으로 연구된 선형 나노구조는 탄소로 이루어진 바로 나노튜브다. 나노튜브는 벌집처럼 원통형 흑연의 형태로 구성된다. 그리고 그 구조 안에 플러렌이 서로 밀도 있게 연결되어 있다. 그 지름은 1에서 100나노미터의 크기이며, 길이는 수백 마이크로미터가 될 수 있다. 탄소나노튜브는 '결정 화학기 성장법(Catalystic Chemical Vapour Deposition: CCVD)'으로 킬로그램이나 톤 단위로 생산될 수 있다. 동시에 탄화수소는 고온에서 촉매입자로 분해된다. 즉 입자의 표면에 탄소 나노튜브를 착생시킬 수 있는 것이다. 이러한 의자형태의 나노튜브 외에 Y형의 나노튜브가 생산될 수 있다. 현재 탄소나노 튜브를 이용한 잠재적인 응용 영역이 뜨겁게 논해지고 있지만, 그 가운데 전자 영역에서 가장 크게 응용이 제시되고 있다. 육각형 모델에 종속된 나노튜브는 도체가 되든지 아니면 반도체가 되기 때문이다. 그래서 나노전자와 관련한 도체적인 특성의 합성에 큰 관심을 갖게 된다.

큰 항장력(抗張力), 높은 안전성 같은 운동학적 특성 때문에 탄소나노 튜브는 중합체적인소재를 위한 이상적인 섬유로 인정된다. 그래서 롤러베어링이나 강력한 보호대를 만드는 부품에 적합하다. 이 외에 나노소재를 복제하는 모형 영역이 응용 영역으로 연구되고 있다. 무엇보다도 나노튜브가 갖고 있는 화학적 특성으로 인해 수소의 저장과 여타 탄소공－파생기관을 만들 수 있다는 것에 큰 관심이 모아지고 있다. 특히 수소의 저장능력은 자동차 산업뿐만 아니라 에너지 산업 전반에 미치는 파장이 커서 지대한 관심을 갖게 한다. 나노크기의 '체온계'로 사용할 수 있는 액체칼륨이 들어 있는 나노튜브는 새로운 연구의 가능성을 제시한다. NbS_2, WS_2 그리고 BN은 탄수나노 튜브 외에 다양한 물질을 나노 영역으로 끌어들이고 있다. 최근에 나노입자를 반도체 형태의 촉매제로 활용하는 연구결과가 제시되었다.

◆ 나노 단층구조

단층구조는 나노기술에서 가장 중요한 영역이며, 산업의 모든 영역에 접목시키는 핵심이 되고 있다. 나노 영역에서 단층의 직경은 소위 양자효과를 가능케 한다. 이것은 층 구조의 특성을 이용하는 전제조건이 되고 있다. 컴퓨터 기판은 나노의 이러한 특성을 가장 크게 활용하는 영역이 된다. 전계방출 소자용 전극으로 활용되면서 모든 전자제품의 디스플레이에 그 응용방안이 확대되고 있다. 삼성전자는 이 부분에서 선두주자로 인정받고 있다. 전자방출과 마모를 보호하는 탄소의 보호층은 매우 작은 나노의 두께를 가질 수 있기 때문에 어떠한 것을 읽어내는 마그네틱의 성질을 가능케 한다. 또한 이러한 여러 가지 특성은 DNA, 단백질 같은 생물학적 입자를 이용하여 다양한 색을 만들어 내는 데 활용된다. 감겨 있는 형태로 설명되는 단층의 구조는 금속성과 반도체성을 갖는 다양한 탄소 나노튜브를 생산하여, 현재 활용되는 기술을 더욱더 효율적으로 발전시킬 수 있다.

이미 10여 년 전부터 정확히 규정된 공동이 있는 물질을 의도적으로 만들어 낼 수 있는 합성법이 연구되고 있다. 이 방식은 물질의 미세표면뿐만 아니라, 원자, 이온 그리고 분자를 이용하여 물질의 전체적인 용적에 서로 영향을 줄 수 있기 때문에 기술적 차원과 경제적 차원에서 지대한 관심을 불러일으키고 있다. 이러한 공동과 관련하여 예전부터 잘 알려진 방법은 촉매, 이온교환, 필터, 단열처리 그리고 반사차단 처리 등이다.

여기서 기본적으로 구분되어야 할 것은 스펀지 형태의 공동과 거품 형태의 공동구조이다. 스펀지 형태는 다른 매질을 흡수할 수 있는 용적을 가지면서 열린 공동구조를 갖는 반면에, 거품형태는 이러한 것이 봉쇄된 '닫힌 구조'를 갖는다. 이러한 기술적 장점을 효과적으로 이용할 수 있는 중요한 시금석은 우선 통일된 공동크기를 갖게 하는 것이고, 다른 것은 박막이 되도록 공동을 동일한 형태로 만들어 내는 것이다. 고체단계의 화학적 구성성분 비율은 엄청난 의미를 갖는다. 그래서 소재는 자체적으로 친수성 혹은 소수성이 된다. 이것은 동일한 공동성이 매우 다른 것을 투입시킬 수 있는 선택성을 갖는다. 이 외에 공동표면은 백금(Platin) 또는 로듐(Rhodium)으로 나노섬을 만들거나, 매우 얇은 박막을 통해 화학적으로 변형될 수 있다. 즉 생물학적인 특성을 갖게 한다는 것이다. 위에서 논한 특성 외에 공동이 있는 소재는 어떤 구조물에 응용할 때 예를 들어, 경량화시키는 건축물에 대량으로 공급할 수 있는 큰 장점이 있다. 일반적으로 단일한 분산형태의 공동크기를 갖는 결합구조를 생산하는 데 결정적으로 중요하다. 공동의 형태 외에 공동의 크기가 구조물의 실패에 결정적인 하중을 주기 때문이다. 공동이 크면 클수록, 균열을 가하는 힘이 적어진다. 거의 모든 소재는 상대적으로 간단한 공동구조를 만들어 내도록 한다.

일반적으로 나노미터 영역에서 정의된 공동의 형태는 일상적이지 않다. 잘 알려진 좋은 방법은 큰 공동을 갖는 산화물인 유리와 세라믹을 0.01g/㎠의 두께로 합성할 수 있는 소위 '졸-겔(Sol-Gel)' 방식[34]이다. 반도체에서 활용된 나노공동 규소가 대표적인 것이다. 공동을 이용한 비열발광을 통해 그 응용범위를 확대시킬 수 있다.

◆ **나노세계의 규칙**

나노세계에 존재하는 물체는 현재 우리가 일상생활에서 사용하는 물체에 비해 100만 배나 작은 모습을 한다. 원자와 분자의 차원에서 이루어지는 새로운 나노세계는 마이크로 세계의 논리와는 아주 다른 원칙이 적용된다. 이 중간지대인 나노세계는 양자역학의 법칙이 지배토록 하고, 다른 한편 수십억의 분자가 뭉쳐 있는 고체에서 집단적인 행위의 현상을 조정토록 한다. 이러한 의미에서 고체는 강철조각과 단단한 도자기 조각뿐만 아니라, 매우 부드러운 휴지나 껌 역시 그 대상이 된다.

이 기묘한 중간세계에서 물질의 특성은 고전역학이나, 양자역학만으로 규정되지 않고, 두 법칙이 혼합되는 모습을 보인다. 이 분야의 특성은 여전히 연구되지 않고 있는 미지의 세계이다. 우리가 이 영역을 지배하는 원칙을 확실하게 알게 된다면, 우리는 보다 신뢰적이고 기능적으로 최적화된 나노기계를 제작하고 상품화시킬 수 있다. 현재 이 중간세계의 현상을 설명하기 위해 긴급히 필요한 기초연구가 이루어지고 있다. 과학자들은 새로운 깜짝 놀라운 연구결과를 끌어내면서 원자와 분자로부터 새롭고 복합적인 시스템을 합성하고 있다.

---

34) 높은 기공이 있는 산화물 유리와 도자기를 0.01g/㎠의 두께로 합성하는 기술이다. Paschen, H. 외, *Nanotechnologie* 2004, p.41. 참조.

이 난쟁이 제국을 건설하는 부품에서 원자와 분자 그리고 작은 합성체는 결정적인 역할을 한다. 원자의 크기는 0.25−0.5㎚에 놓여 있으며, 마이크로분자의 경우에는 ㎚의 크기를 한다. 나노기술은 일반적으로 이러한 크기의 특성을 갖는 구조를 만들어 내는 것을 다룬다. 나노세계는 전적으로 여러 면을 갖는데, 그 형태의 장소는 표면, 구조층 그리고 구조형상과 관계가 있다. 재료물질에서 기질(基質), 물체형태, 미니화된 고체 그리고 자기조립적인 기능적인 통일성이 관련된다. 제작기구의 범위에서 하나는 제작방식, 다른 하나는 특성화방법으로 구분된다. 이러한 구분은 간단해 보이지만 실제로 매우 복잡해지는 것을 볼 수 있다. 기질, 즉 속성을 실어 나르는 특성은 구조층과 표면구조 또는 경계표면을 만들고, 이 모든 현상은 항시 나노의 크기에 좌우된다.

여기서 우리는 나노구조가 소위 자체로 정화되는 '연꽃잎 효과(Lotus −effect)'[35] 같은 규칙적인 순응행위를 가능케 하는 소위 '형태를 갖는 각색된 표면' 그리고 간단히 몇 개의 원자로 구성되는 매우 얇은 구조층과 작은 분자구조를 갖고 있음을 배운 바 있다. 나노기술의 제조과정은 한편 구조생성의 기술, 다른 한편 매끄러운 표면과 관련된 구조제거의 기술을 포함한다. 물질의 특성이 어떻게 전도체가 되고 절연체가 되는지는 마이크로 세계에서는 잘 알려져 있지만 종종 매우 다른 모습을 한다. 그래서 반도체가 절연체가 되고, 우리가 물리수업시간에 전기를 가장 잘 전달하는 도체로서 배운 구리 같은 금속은 고체가 아니라, 나노분자의 형태로 보면, 반도체가 되기도 하고, 절연체가 되기도 한다. 물질과 그 시스템은 무엇보다도 열에너지, 전기적 그리고 마그네

---

35) 일반적으로 로터스 효과라 칭한다. 아시아에서 습지에 서식하는 연꽃의 잎이 물이나 먼지 입자를 제거하는 자정능력(self−cleaning ability)이 있음에서 기인한 것이 바로 '로터스 효과(Lotus Effect)'이다.

틱적인 형태로 나타나는 화학적, 물리적 특성을 분자의 크기에서 제어하는 과정을 통해 새롭게 제조될 수 있다.

나노구조의 생성에 대한 기업과 연구기관의 이러한 관심은 이와 같은 탁월한 특성을 산업적으로 끌어낼 수 있다는 관점에서 연유하고 있다. 이러한 관점은 대개 이렇게 표현된다. 정제된 제작 컨셉에 따라 나노 특화적인 특성을 변화시키지 않으면서 원자 가루를 좀 더 큰 소재에 혼합하면, 놀라운 기계적, 열역학적, 전자기적 그리고 전자적인 특성을 갖고, 우리가 원하고 조작하는 형태로 영향을 미치도록 할 수 있는 매우 새롭고, 불가능한 소재를 특정한 조건에서 만들 수 있다는 것이다.[36] 현재 일부 상품에서 이미 이러한 주장을 접목시켜 큰 시장을 개척하고 있음을 볼 수 있다. 메모리칩을 읽어내는 디스켓의 바늘에 이러한 것이 응용되고 있다. 이 컨셉은 이미 디스켓에서 폭넓게 상용화되었다.

지금까지 부품의 미니화는 마이크로미터 영역에서 성능이 좋은 칩의 제조로 나타났고, 그 동선에서 움직여왔다. 여기서 원자, 분자, 전자 같은 시스템의 개별입자는 큰 의미가 없었다. 그러나 미니화의 방향이 계속되면 시스템의 부품크기를 간과할 수 없다. 미세한 인공적인 물체의 통제와 유지에 필요한 정보와 에너지 단위의 크기는 고전적인 물체의 척도로 설계된다면 큰 문제가 된다. 그래서 이에 적합한 나노 제조 기계가 필요하며 동시에 이 미세 분야에 필요한 새로운 철학이 요구된다. 우리는 현재 리처드 파인만의 기발한 비전을 사실로 전환시키고, 복합적인 기계 또는 새로운 형태의 회로를 원자를 통해 만드는 출발점에 서 있다.[37]

---

36) 독일 뒤셀도르프의 나노센터에서 주장하는 대표적인 표현이다.
37) Richard P. Feynmann, *The Pleasure of Finding Things Out*, Helix Books / Perseus Books, Cambridge 1999 참조.

이스라엘 와이즈만 연구소의 우리 메트라브(Uri Metrav) 교수는 이러한 변화를 국가차원에서 준비토록 주창한 소수의 학자 가운데 한 사람이다. 그는 '물체가 현재 우리가 다루는 것보다 매우 작아지면 기묘한 현상이 발생한다. 전자공학에 완전히 다른 물리적인 법칙이 적용된다. 이 법칙은 현재 우리에게 매우 생소한 것이다. 이 미세 분야를 정복하고 지배하기 위해서는, 이 법칙을 매우 조심스럽게 탐구해야 한다'고 주장하면서 이 나노의 의미를 강조했다.[38] 나노의 세계에서는 복합적일 뿐 아니라, 기묘한 현상을 발생시키는 양자법칙이 지배한다. 즉 원자는 여러 곳에 동시에 존재하는데 이것을 이해하는 것은 매우 어렵다. 그래서 나노기술의 학술적인 토대는 여러 학문적인 연구결과, 즉 물리, 화학 그리고 생물학에서 발견한 원리들을 종합적으로 통합시켜 내는 것이다. 지난 10여 년 동안 물리학과 전자공학에서 미니화된 회로의 제작과 성능을 배가시키는 메모리 경쟁이 첨예하게 이루어졌다. 이것은 나노세계로 가는 돌파구가 되었다. 복합적이고 기능적인 고분자화학에서 끌어낸 인식은 촉매제, 막(膜), 센서학 그리고 표면처리기술 영역에서 응용을 가능케 하고 있다. 자연에 존재하는 생물학은 더욱더 지속적인 원자와 분자의 작용과정에 크게 좌우되고, 규정된다. 이것을 더욱 잘 이해하는 것은 난쟁이 제국으로 들어가는 데 핵심적인 열쇠가 되고 있다. 다양한 자연과학적인 인식을 실제적인 것으로 전환하는데 전자공학, 기계공학은 무엇보다도 큰 의미를 갖는다. 이 나노의 응용 분야는 현재 매우 다양한 영역으로 연결되고 있다. 이 분야는 구조와 입자의 분석에서 새로운 소재의 구성을 넘어 자연에는 존재하지 않는 특성에까지 이르고 있다. 광학은 무엇보다도 빠르고 미

---

38) 나노 영역에서 전기의 기본법칙인 오옴(ohm: Ω)의 법칙이 적용되지 않는다. 그 법칙성이 사라지는 것이다.

세한 형태로 정보를 전달하는데 뿐만 아니라 전송 시, 장애가 없는 소재부품의 제조를 가능케 하는 나노기술에 접목되는 광(光)반도체의 핵심이다. 나노의 응용 잠재성이 가장 높은 분야는 역시 의학과 의약품이다. 인공적인 장기와 이식에 나노기술은 필수적인 소재기술이 된다. 주사터널링 현미경 같은 기계는 나노기술에서 다양한 방법을 가능케 하는 토대가 되었다. 나노기술은 고전적인 과학에서 폭넓은 기초를 갖고 있으며 또한 바이오공학 혹은 생명공학(Life Sciences) 같은 새로운 영역에서 일련의 접점을 만들어 내고 있다.

나노시스템의 연구와 발전에서 중요한 길은 살아 있는 자연에서 작동하는 과정을 이해하고 이것에서 얻은 지식과 인식을 갖고 기술적인 문제와 그 답변을 찾고, 동시에 활용하는 것이다. 우리는 마이크로 및 나노 영역에서 상어의 피부를 모델로 한 알루미늄 박막의 생산 또는 자기세정효과를 나타나는 연꽃잎에 대한 식물공학적인 지식에서 이러한 제품을 만들 수 있다. 나노 공장인 세포는 우리 인류의 미래에 엄청난 의미를 갖는, 생존이 걸려 있는 새롭게 발견된 미지의 세계인 것이다. 나노기술은 물리법칙, 화학적 소재특성 그리고 생물학적 원리의 제 현상을 한곳으로 결집시킨다. 현재 알려진 모든 영역으로 확대되는 나노기술은 분산되어 존재하던 과학적 원리와 원칙을 다양한 접점을 따라 통합 적용시키면서 새로운 세계를 열고 있다.

3. 나노우주의 탐험과 기초지식

◆ 분자가 없이는 생명이 없음을 알아야 한다.

10만 밀리미터의 크기를 가진 채 움직이는 달리는 모터, 7메가비트의 정보를 저장할 수 있는 천 밀리미터의 단위의 메모리, 침실의 온도와 공기압력이 있는 장소의 공기에서 비활성적인 질소를 암모니아로 전환시키는 촉매제 같은 꿈의 물체에 대한 희망이 점점 더 커지고 있다. 우리의 미래를 좌우할 것이라는 나노기술은 이것을 현실적으로 가능케 하고 있다. 나노는 10억분의 1미터의 크기로 가장 작은 물체의 단위를 표현하는 개념으로 이제 일반화되었다. 앞서 설명하였듯이 이것은 단순한 희망 또는 미신적 논의가 아니라, 이미 자연이 진화를 통해 만들어 낸 기술이다. 단지 우리 인류가 이것의 의미를 오랫동안 간과한 것이다. 마이오신(Myosin: 근육단백질의 일종) 같은 모터는 우리의 근육을 움직이게 한다. 감겨서 실타래처럼 보이는 유전체 DNA, 즉 인체의 데이터저장 메모리로서 우리의 유전적인 동질성을 결정한다. 효소의 일종으로, 분자상(狀) 질소를 환원하여 암모니아화하는 니트로게나아제(Nitrogenase)라는 콩과식물과 공생하며, 공기에서 직접 이것을 거름으로 공급하는 뿌리의 독특한 특성을 갖는다. 이것은 살아 있는 세포가 별다른 어려움 없이 끊임없이 다양한 문제를 극복하는 세 가지 기술의 보기에 지나지 않는다. 이것은 30억 년 동안 이루어진 진화 속에 놓여 있는 기초적인 구조의 비밀로서 현재 우리가 밝혀내고 제시할 수 있는 조립방식이다. 자연 속의 나노기술은 작은 수로 통일적으로 치수에 맞게 조립되는 사슬분자를 활용한다. 유전자 정보의 전체적인 데이터 처리는 네 가지 종류의 코드(code)로 이루어지고, 살아 있는 세포에 들어 있는 대부분의 기능은 20개의 아미노산 잔기로 구성된 단백질에 의해서 실행된다.

자연적인 나노기술을 자세히 살펴보면, 자연이 새로운 기술의 발전에서 어떻게 모델로 작동하고, 최소한도 자극과 아이디어를 제공하는지를 관찰할 수 있게 한다. 더 이상 나눌 수 없는 원자는 일반적으로 물질의 기본적인 구성요소로 간주된다. 원자로나 입자가속기 같은 극단적인 조건하에서 이 원자는 분해되거나 또는 서로 융해될 수 있으나, 일상적으로는 나눌 수 없다. 기껏해야 화학반응을 통해 원자에서 몇 개의 전자를 탈취할 수 있지만, 이를 통해 물질의 속성을 두드러지게 변화시키는 일은 없다. 원자의 물리적 특성은 어떻게 분자와 결합할 수 있는지 혹은 해야 할지를 결정한다. 분자의 형성, 특성 그리고 변형을 서술하는 것이 화학의 과제이다. 그래서 원자에 대한 이해 없이 화학의 발전은 있을 수 없는 것이다. 분자는 단지 2개의 원자를 가질 수 있지만, 실제로 수천 개의 원자를 담고 있다. 수천 개의 원자로 구성된 분자를 다루는 것이 고분자 화학이다. 이 고분자는 매우 작아서 광현미경으로도 볼 수 가없다.[39] 폴리에틸렌, 폴리염화비닐(PVC) 같은 동일한 중합체(Homopolymeren)와는 달리 이질적 중합체(Heteropolymeren)는 상이한 구성요소를 갖고 있다. 이 이질적 중합체는 구성요소의 순서에 따라 정보를 저장하고, 기능을 발휘한다. 이 두 특성은 이질적 중합체를 생명의 구성요소로서 규정한다. 분자 없이 생명은 없는 것이다.

원자와 분자는 얼마나 작은가? 원자는 전혀 잴 수 없는데, 그 이유는 원자의 전자구름이 이론적으로 임의적으로 공간에 퍼져 있기 때문

---

39) 탐침으로서 가시광선의 활용은 물리적 경계선을 확정한다. 빛의 파장은 400-800nm이기 때문에 분자를 어떠한 현미경으로도 볼 수 없다. 이와는 반대로 X광선과 전자는 짧은 파장을 갖는다.

이다. 2개의 동일한 원자로 구성된 분자에서 원자핵의 반간격을 반지름의 척도로 삼는다면, 모든 원자는 1나노보다 작다. 이 정의에 따르면 수소원자의 지름은 0.06㎚이다. 작은 분자는 작은 나노미터의 크기를 갖지만, 고분자는 펼쳐 있는 상황에서는 마이크로미터가 될 수 있다. 뭉쳐 있는 상황에서는 지름이 10~100 나노미터가 된다.

이러한 크기의 영역에서 살아 있는 세포의 고분자는 정보를 저장하고, 폭넓게 전달하고, 기능을 발휘한다. DNA는 정보를 저장하고, 단백질은 기능을 수행한다. RNA는 두 가지를 다하기 때문에 많은 학자들은 RNA를 복잡한 DNA - RNA - 단백질 기계의 발전에서 생명의 진화를 가능케 한 원시분자로 간주한다. 이 분자는 일반적으로 독자적인 기계로서 그리고 살아 있는 세포에서 나노기술로 작동하는 큰 공장이 된다. 우리 인간은 이와는 달리 항시 거대한 덩어리 또는 분말 형태의 단백질을 사용하여 왔다. 나노 척도에서 기계를 조립하기 위해서는 생물학적인 고분자처럼 효율적인 고분자를 만들어 내야만 한다. 동시에 분자에 각 임무를 부여하는 기술을 개발하고, 발전시켜야 한다. 원자를 분자에 조립시키는 것만으로 나노기계를 만들 수는 없기 때문이다.

◆ 상호작용은 약함을 강하게 만든다.

주로 탄소, 수소, 산소, 질소 등 원자 간의 결합과 분리관계를 탐구한 유기화학(有機化學)의 고전적인 연구방법은 우리에게 혁명적인 생활의 변화를 가져왔지만, 살아 있는 세포를 모조하여 만들지는 못하였다. 이 화학적 공유결합은 고분자의 합성에 중요하고 세포의 일상적인 삶에서 기본적인 여러 가지 과정에서 불변적인 것이고, 변화할 수 없는 것이다. 안정된 공유결합을 분리하는 데는 종종 촉매제, 반응제의 엄청난 투여 혹은 고온 그리고 특별한 수용액이 필요하다.

자연은 소위 미약한 상호작용의 다양성을 이용하여 살아간다. 이러한 미약한 상호작용에는 주로 다음과 같은 것이 속한다.

- 수소의 교상결합: 이것은 특히 수소의 엄청나게 높은 비등점(끓는 점)과 이와 관계된 생명의 탄생을 위한 또 다른 전제조건의 근거가 된다.
- 대립적으로 전하된 분자입자 사이의 전자적인 원심력(염기교상결합)
- 원자의 음이온 전하 전자와 다른 원자의 양전자핵 사이의 반데르발스(Van-der-Waals)의 힘[40]
- 물을 배척하는 소위 소수성(疏水性)의 교환작용

수소의 교상결합은 예를 들어, DNA의 쌍 나선형 분자구조를 유지시키고, 단백질의 지역적 나선형 분자구조(Helix)와 조립식 하부구조(Faltblatt)를 유지시킨다. 염기결합은 효소와 전하를 띠는 기질(substrate)의 결합을 돕는다. 반데르발스 힘은 매우 짧은 도달거리와 매우 약한 힘 때문에 분자입자가 보완적인 형태로 고정되는 곳에서만 영향을 미칠 수 있다. 소수성의 교환작용은 지방-2중층으로 구성된 멤브란(막)

---

40) 기체, 액화 또는 승화된 기체, 그리고 대부분의 유기화합물의 액체와 고체 등에서 중성인 분자들을 서로 끌어당기는 상대적으로 약한 전기력을 의미한다. 이 힘은 1873년 이상기체가 아닌 실제 기체들의 특성을 설명하는 이론을 개발할 때 이 같은 분자 간(分子 間) 힘을 처음으로 가정했던 네덜란드 물리학자 요하네스 반 데르 발스의 이름을 따서 반데르발스 힘이라 부른다. 반데르발스 힘으로 결합된 고체들은 보다 강한 이온결합·공유결합·금속결합으로 이루어진 고체들보다 부드럽고 더 낮은 온도에서 녹는 특징을 가졌다. 물체 간에 작용하는 약한 힘의 관계를 설명하는 개념이다. 상세한 설명은 장의 후반부 부록의 용어 설명 참조.

을 결속시킨다. 멤브란은 모든 살아 있는 세포를 외부세계와 구분하고 다수의 세포를 세분화(다세포 생물의 기관처럼 기능하는 단세포 생물의 소기관을 칭함)시킨다. 이 소수성의 교환작용은 촘촘하고 매우 복잡한 상위구조에서 생리학적인 온도 시 단백질을 주름잡힌 형태로 유지시키면서 단백질의 기능에 필요한 상황을 만들어 낸다.

모든 이러한 결합은 조건의 변이를 통해서 생물학적 고분자의 기능에 전제조건이 되는 개폐를 쉽게 한다. 예를 들어 DNA를 읽거나, RNA나 새로운 DNA로 전환시킬 수 있다는 것은 이중 나선형 구조가 탐독되는 곳에서 어떤 형태로 변화되어야만 한다는 것이다. 산소를 섭취하거나 배출할 수 있는 근육의 산소를 저장하는 단백질 미오글로빈(Myoglobin)[41]은 결합점과 외부세계 간의 채널을 열기 위해 자신의 구조를 국지적으로 배치를 바꾸어야 한다. 빠르게 지역적인 재배치의 과정을 위해서만 약한 교환작용이 필요한 것이 아니다. 이것은 이외에 고분자 구성성분(요소)을 여타 다른 분자의 도움 없이 복합적인 시스템으로 만들어 내어 저장토록 한다. 바로 자기분열을 통한 유기조직화이다. 이것은 함께하는 것이 강하게 만든다는 나노의 법칙을 증명한다. 예를 들어 보자.

막대형 박테리아인 대장균(Escherchia coli)[42]이 자신의 단백질을 생산케 하는 박테리아 리보좀은 3개의 RNA분자와 52개의 서로 다른 단백질로 구성된 크고 작은 하위단위를 갖고 있다. 세계적으로 20여

---

41) 근세포 속에 있는 헤모글로빈과 비슷한 헴단백질로 적색 색소를 함유하고 있어 조류나 포유류의 근육을 붉게 염색하는 물질이다.
42) 흔히 E. coli(Eschrichia coli)로 부른다. 막대형 박테리아로서 여기저기서 많이 볼 수 있지만 대장에서 많이 살고 있다. 락토스를 발효시키고 가장 쉽게 실험할 수 있는 그리고 많이 쓰이는 박테리아이다. E. coli는 유전공학에 가장 기본적인 것으로 사용된다. 음식물에서 발견되는 독소의 일종이다.

개의 연구그룹이 지난 20년간 리보좀의 정확한 구성형태와 기능을 해독하기 위해 연구를 하였지만, 아직까지 완벽하게 밝히지 못하고 있다. 이 리보좀을 분해하고, 개별적인 구성성분을 분획하면 수용액의 형태로 55개의 작은 병에 분자를 담아낼 수 있다고 학자들은 주장한다. 이것을 다시 흔들어서 섞으면 스스로 어떠한 작동을 하는 작은 하부단위가 된다. RNA를 특정한 단백질 집단과 섞고, 여타의 단백질을 넣으면 이 두 작은 하부단위는 기능을 하는 리보좀이 된다.

이 놀라운 독특한 보기는 생명과 관련한 나노기술의 중요한 원리임을 제시한다. 기계의 부품은 스스로 기능하는 기계를 만들도록 구성되고, 작동하는 것이다. 여기에는 건축기술자나 설계도가 필요하지 않고 또한 어떠한 도구도 필요하지 않다. 이 구조는 스스로를 결정한다.

담배모자이크바이러스와 같은 완벽한 바이러스나 마이크로 투불리(mikrotubli)와 같은 세포골격을 조립한다. 동형화시키는 시스템(Assmbly-System)으로 표현되는 자연시스템의 재구조화는 이제 막 시작되는 새로운 영역이다. 이 자가복제는 우리에게 새로운 나노세계를 이해토록 하는 근본적인 패러다임의 의미를 갖는다. 이와 관련하여 촉매제인 효소는 정확한 화학반응을 끌어내는 또 다른 필수요소가 되고 있다.

단백질은 미세 분자의 구조형성과 전달을 돕는데, 이것은 단백질이 화학적 반응을 높이는 촉매의 역할을 한다는 증거다. 매우 극단적인 경우지만, 촉매 없이도 단백질은 이 과정의 확립에 백만 년이 소요되었을 반응시간을 초단위의 빠른 시간으로 해당 지역으로 불러낸다. 촉매기능을 하는 단백질을 우리는 효소라 부른다. 생물학적 촉매의 역할을 단지 단백질에서만 가능하다고 인식하던 도그마가 수십 년 동안 지배했으나, 이제 우리는 이 도그마를 깨고 1980년도에 RNA가 들어 있는 촉매제, 즉 리보좀을 발견하였다. 이것은 또 다른 혁명적인 발견이었다.

왜 세포에는 효소가 필요한가? 우선 세포는 자신의 화학공장에서 요구하는 생산과정을 통제하기 위하여 효소가 필요하다. 촉매제는 반응의 방향을 정하지는 않는다. 촉매제는 단지 환경조건과 반응파트너의 화학적 특성에 의해 규정된 균형의 조절을 가속시킨다. 그렇지만 이 매우 작은 영향이 엄청난 많은 것을 만들어 낸다. 예를 들어, 물질의 본질에 관련될 수 있는 일련의 여러 가지 상이한 반응 가운데 하나를 가속시키는 촉매작용을 할 수 있다. 이러한 방법으로 특별한 촉매제인 효소는 복합적 반응의 스펙트럼을 완전히 다르게 변화시킬 수 있다.

효소는 역시 반응을 서로서로 연결시킬 수 있다. 이러한 방법으로 에너지가 별로 활발하지 않아 자체적으로 움직일 수 없는 반응은 에너지를 공급하는 반응, 즉 에너지가 높은 결합의 분열로 고분자의 합성을 작동시키도록 한다. 많은 효소는 이미 가정생활에서 활용하고 있는데, 얼룩지우기, 세탁비누에서 등에서 그 모습을 볼 수 있다. 화장품에는 단백질을 없애는 효소를 첨가하고, 차가운 퍼머는 요소의 도움으로 분해되는 효소를 만들도록 한다. 대부분의 효소는 효소가 없이는 생각할 수 없는 독특한 응용방법을 만들어 내고 있다. 이미 많은 효소들이 산업적으로 응용되고 있다. 이 효소의 과정은 의약품의 생산과 생필품의 처리에서 점점 더 큰 의미를 갖는다.

◆ 세포의 구조: 배열의 질서가 삶의 절반을 차지한다.

세포의 발전은 화학적 반응이 이루어지는 조직(이것을 우리는 생명이라 서술한다)의 공간적인 경계를 설정하는 첫 단계라 할 수 있다. 최소한도 2중층의 세포막은, 대부분의 경우 하나의 중층과 공간은 세포를 여타 세계와 분리하고, 소중한 소재가 용해되어 없어지거나 혹은 주위에서 발생한 유해소재가 통제 없이 침투하는 것을 방지한다. 세포 내에서는 배열의 질서가 존재한다. 고등동물인 우리 인간은 세포유형으로 보아서 다핵세포이다. 즉 우리의 세포는 불변의 세포핵을 갖고 있다. 유핵세포의 하부에는 세포 소기관의 하나로 세포호흡에 관여하는 미토콘드리아, 세포질 속에 있는 낱알이나 그물 모양의 기관인 골지체(golgi apparat) 등이 있다. 중요한 것은 세포는 상이한 기능을 위해 분명한 경계선을 긋는다는 것이다.

마치 우리의 집이 거실, 침실, 부엌, 목욕탕, 어린이 방으로 구분된 것처럼 말이다. 이것은 동시에 나노기계와 또 다른 구조의 유형을 촉구한다. 권역 간의 경계화는 자기조립에서 경험한 법칙에 따라 구조화되는데, 이 원리는 벽간에 어떠한 것을 설치하는 데 필요한 어떠한 도구도 요구하지 않는다. 벽이 있으면, 방간의 소통을 위하여 통로가 자연스럽게 설치된다. 이러한 세포의 작동에서 보듯이 나노기계는 제품이 한 단계에서 다른 단계로 계속적으로 전달되는 공정의 과정에 있는 것이다. 그래서 예를 들어, 단백질을 합성하고, 분자가 구겨지는 것을 감시하는 분자의 보호자(chaperone)가 존재한다. 1994년에 바이오고분자, 이와 비슷한 단백질 분자의 형태를 만드는 단백질입체구조 조형자 복합물을 2차원에서 나노미터로 정확히 배열시키는 방법이 개발되었다. 이 기술은 바이오 기술적인 컨베이어 벨트로 구조를 만들 수 있게 하였다.

우주의 대폭발에서 식물과 동물의 발생까지 성장하는 유기체의 계통은 점점 더 커지는 결합관계를 만들어 내었다. 하급의 원자는 원자로, 원자는 작은 분자로, 이 작은 분자는 고분자로, 고분자는 세포로, 세포는 다세포로 변화되는 모습을 한다. 팸토미터(1000조분의 1미터 10의 12승)의 크기에서 30미터까지 성장하는 모습을 보였다. 공룡을 생각하면 그 크기와 부피를 쉽게 생각할 수 있다. 진화이론은 이러한 방향, 즉 자신을 여러 개로 복제할 수 있던 고분자에서(RNA를 보기로 들 수 있다), 미터단위의 현재 인류로 성장하게 된 계통을 설명하는 데 핵심적인 연결고리를 설명한다.

많은 연구자는 진화의 원칙인 돌연변이와 도태의 영향은 시간적으로 더욱더 오래전으로 소급하고, 공간적으로는 미세한 차원에까지 미치고 있음을 확인시켜 주고 있다. 그 결과로 구조오류(構造誤謬)가 일정한 입자미네랄의 광물격자에서 '유전자 정보'의 첫 형태로 존재했을 것으로 보고 있다. 그 결과로 원자의 세계에서 원시적인 진화와 후에 고분자를 만들어 내는 무기물이 생겨나게 되었을 것이다. 결정(結晶: 크리스탈)이나 무정형의 무기물의 분리를 통제하는 것에서 세포와 단백질의 놀라운 능력은 이러한 생각을 수긍토록 한다.

세포에서 복합적인 유기체로 가는 마지막 단계는 나노의 연구주제가 아니다. 그러나 다세포에서 필요하고, 폭넓게 이루어지는 세포 간의 커뮤니케이션은 정보과학자와 컴퓨터 과학자가 고려할 수 있는 '자연적인 나노기술' 영역임을 제시하는 것은 더욱 의미가 있다. 대뇌의 기능은 호르몬과 이에 결합하는 수용체(rezeptoren)를 통해 수행된다. 자생유기체는 수용 복합체가 세포막에 퇴적되어 층을 이룰 때 다시 영향을 미친다. 기질의 인식과 약한 상호교환 작용은 호르몬이 수용기체와 결합하고, 이것이 다시 연속적인 결과를 일으킬 때 필요하다. 특정한 부분에 정향된 정보의 전달을 위해 우리의 신체는 자체의 전화망을 갖고 있다. 바로 신경시스템이다. 지금까지 논의한 현상 외에 중요한 것은 전력과 전압이다. 지금까지 의학에서 연구한 대부분의 신경시스템은 눈과 관련된 것이다. 세포수용의 큰 범주에서 에너지 형태인 빛, 전기 그리고 화학적 에너지 간에 이루어지는 시그널전환 과정에 대한 설명은 그래서 나노기술이 추구하는 목적의 한 부분이 될 것이다. 이러한 관점에서 최근의 세포연구는 분자로 다시 돌아왔다.

특정한 의미에서 우리 인간은 팸토미터에서 미터로 발전한 자연사의 과정에서 발생했다고 주장할 수 있다. 인간이 완성하고, 활용한 첫 번째 도구는 손과 팔의 차원과 밀접히 연계되어 있다. 초기의 인류문화에서 인류는 미세세포에 대한 지식이 없었지만, 이미 빵을 굽고, 술을 만들어 내는 데 이용하였다. 이러한 활용은 다양한 문화를 만들어 내는 기초가 되었다. 그러나 이 현상에 대한 분석과 이것을 조작하여 사용했다는 확실한 근거는 없다. 원자는 철학자 데모크리스트 이후 지속적으로 이루어진 철학적인 사고의 결과였지만, 이 현상에 대한 탐구는 2천 년 이상 이루어지지 않았다. 원자로 구성된 물질은 탐구의 대상이 아니라, 단지 이용의 대상이었을 뿐이다.

우리가 알다시피, 미세한 구조의 제조는 19세기까지 시계공만이 접근할 수 있는 특정한 영역이었으며, 무대였다. 이 시계공들이 사용한 것은 확대경이었다. 이것을 이용하여 cm의 크기를 움직일 수 있었다. 19세기의 시작과 함께 이루어진 정밀과학과 산업을 이끄는 학문으로 성장한 화학은 초기에 부피, 용적 같은 거대한 사물에 대한 엄청난 연구충동을 불러일으켰다. 그러나 여전히 미세한 사물에 대한 연구 충동은 거의 없었다. 20세기의 후반부에 시작된 소형화는 마이크로미터 차원에서 이루어지는 제조 공정에 관심을 갖도록 하였다. 나노세계에 대한 관심은 1980년대 이후 전자현미경, X선회절촬영, 중성자 편향과 원자핵 공명 같은 기술이 개발되면서 나노연구라는 이름하에서 촉발되었다. 지난 2천 년 동안 화학은 분자가 어떻게 구성되고, 반응을 하고 그리고 새로운 분자를 생산할 수 있는지를 탐구하였다. 동시에 분자는 주로 거시적인 크기에서만 다루어졌다. 분석가능하고, 복합체적인 시스템의 크기는 항시 그 경계선에 놓여 있었다. 무엇보다도 거대분자에 대한 화학연구는 고전적인 분야(무기화학, 유기화학, 물리화학)와 동일하게 다루어지지 않고 또한 생화학의 유형에 따라 독립되지도 못한 사생아 연구 영역이었다.

이제 우리는 나노기계의 제조공정을 인식하고 배우고 있다. 이제 처음으로 자연적인 나노시스템을 연구하고, 인공적인 나노시스템의 생산을 추구하는 생화학, 일반화학, 물리 그리고 생물학의 원리들을 융합시키고 있다. 화학자들이 화학적 시스템처럼 능력이 강력한 복합적인 분자를 만들기 위하여 이제야 비로써 반데르발스의 '약한 상호 교환작용'과 자생유기체의 원리를 이용하기 시작했다. 반도체에 나노크기의 구조를 디자인하여 집어넣기 위하여, 물질의 처리 방법을 미니화시키고 있다. 이러한 새로운 세계로 가는 연구의 힘은 세상을 바꾸고 있다. 마이크로 현미경의 발전과 마이크로 칩을 이용한 컴퓨터의 승승장구로 인해 이룩한 마이크로 세계의 발견처럼 나노세계에 대한 정복을 통해 습득할 수 있는 기술은 학문의 세계뿐만 아니라, 우리의 일상생활을 근본적으로 뒤집어 놓을 것으로 예상된다. 이렇듯 나노 세계와 마이크로로한 물질세계는 더욱더 밀접히 연계되고 있다.

세포는 모든 것을 다할 수 있는 나노 기계이다. 극 미소물체(submicroscopic)가 존재하는 데 필요한 제반 기능과 과제까지 충족시키는 세포가 있다. 이 세포는 마치 살아 있는 나침판 같다. 자성적인 박테리아가 어디가 북쪽인지를 아는 것은 문제가 안 된다. 기름유출에 따른 수질오염을 정화하는 박테리아도 있다. 우리의 적혈구는 산소를 이동시킨다. 우리의 근육은 수백 개의 나노기계를 갖고 있다. 2개의 좌우가 반대로 된 분자형태는 완전히 동일한 결정체를 만든다. 은을 축적하고 톨루엔을 없애고, 또는 치명적인 독소를 생산하려면 세포는 이것을 만들어 낸다. 화학적 에너지를 운동에너지, 열에너지 혹은 빛에너지로 전환시키고 또한 역으로 만들어 낼 수 있다. 자연은 이러한 기술적인 문제를 최소의 공간에서 해결한다.

나노기술에 관심을 끌게 하는 문제의 해결방식은 세포에 있는 단백질에 있다. 바로 이러한 점으로 인해 화학과 세포에 대한 정밀기계학은 나노를 포기할 수 없는 연구 영역으로 삼고 있는 것이다. 단백질은 세포에서 맡은 일을 처리한다. 이 단백질은 엄청난 다양성을 통하여 무한한 과제를 충족시킨다. 상대적으로 매우 간단한 세포인 장박테리라 대장균은 지속적으로 수천 개의 상이한 단백질을 생산한다. 각 단백질은 개별적이고, 아미노산구조의 화학적 원칙을 넘어서서 이루어지는 일반적인 메시지는 좀처럼 이해하기 어렵다. 그래서 자연적인 나노세계를 연구하는 것은 탐험에 비유할 수 있다. 이 탐험을 통해 얻는 지식을 활용하여 우리 인간은 나노세계에 공장을 짓고, 구조물을 설치할 수 있다.

어떤 사람들은 자신의 근력을 자랑한다. 이 자랑은 단지 호모사피엔스인 인간을 동물과 동일하게 연결시키는 속물적 호소에 일치시키는 행위이다. 척추동물의 골근육뿐만 아니라, 조개의 몸을 열고 닫는 폐각근 그리고 여타 무척추 동물은 우리의 근육조직처럼 기능한다. '터미네이터'로 유명한 영화배우 슈왈츠네거의 이두박근과 조개의 개폐작용은 분자의 차원에서 동일한 모습이다. 근육은 긴장된 상태에서는 줄어든다. 왜냐하면 각 세포는 서로서로 맞물려 있는 가늘고, 굵은 섬유로 서로 교차되어 조정되기 때문이다. 근육단백질인 마이오신(Myoshin)은 이 운동의 모터로 간주되고, 이것을 움직이는 물질은 세포의 에너지 전달자 ATP(Adenosine Triphosphate)[43]이다. 이러한 관점은 1950년대

---

[43] 아데노신에 인산기가 3개 달린 유기화합물로 아데노신3인산이라고도 한다. 이는 모든 생물의 세포 내 존재하여 에너지대사에 매우 중요한 역할을 한다. 즉 ATP 한 분자가 가수분해를 통해 다량의 에너지를 방출하며 이는 생물활동에 사용된다.

와 60년대에 이미 확인되고 개발되었지만, 이 메커니즘은 여전히 설명되지 않고 있다. 근육연구에서도 이것은 더 이상 밝혀지지 않았다. 그러나 조만간에 그 과정이 밝혀질 것으로 예상하고 있다. 바이오물리학자들이 모터로 작동하는 단백질의 개별입자의 작동에 관한 많은 자료를 축적하고 있다. 미국 위스콘신 대학의 이반 레이먼트(Ivan Rayment)와 그 팀 동료들이 1993년 7월에 마이오신 머리의 결정체 구조를 풀어내어 제시했다. 소위 이 악틴(actin)-마이오신 모터의 움직이는 부품의 공간적인 질서에 근거하여 연구자들은 ATP의 분해 시, 일어나는 운동주기의 보폭을 한정할 수 있었다. 이것은 키네신이 개별적인 보폭으로 '8나노미터'가 됨을 확인하는 연구를 수행토록 하였다. 스탠포드 대학의 제임스 스푸다이히(Spudich) 연구 그룹은 보다 진전된 연구를 수행하여, 보폭뿐만 아니라, 근육분자의 힘을 측정할 수 있게 하였다. 이러한 연구결과의 축적으로 근육구조에서 활동하는 분자의 메커니즘에 대한 완벽한 설명이 점점 가능해지고 있다. 오랫동안의 침묵을 깨고 근육연구가 새롭게 시작되고 있다. 이것은 나노세계로 가는 문을 두드리는 힘이 되고 있다.

〈그림 2-2〉 인체의 분자모터인 키네신

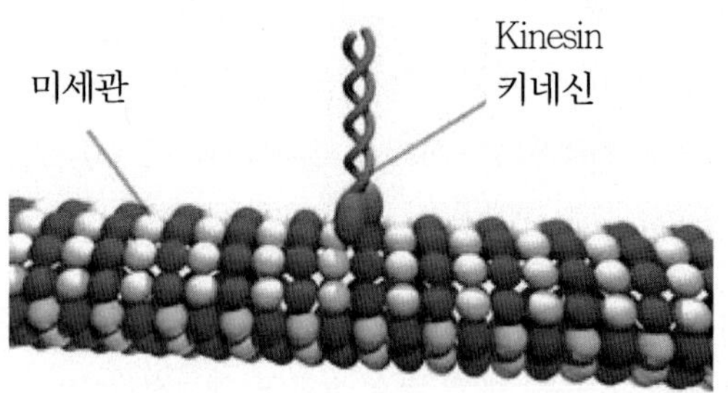

이러한 효소와 단백질이 열어 놓은 나노기술 외에 식물이 공기에서 만들어 내는 비료는 독특한 관점을 제시한다. 식물은 매우 역설적인 문제에 직면하고 있다. 식물의 성장에 가장 긴요한 원소 가운데 하나가 질소인데, 공기의 78%가 질소이다. 이 원소는 비활성이기 때문에 이처럼 엄청난 저장량에도 불구하고 혼자서는 아무것도 할 수 없다. 질소가 식물, 동물 그리고 인간을 위해 사용될 수 있는 질소융합으로 전환되기 위해서는 두 개의 중요한 과정이 동시에 이루어져야 한다. 매년 1억 톤의 질소는 수소와 반응하여 질소를 함유한 복합 화학물질의 원료인 암모니아가 되고, 그리고 무엇보다도 비료(거름)로 전환된다. 이러한 목적을 위하여 끊임없는 기술적 과정이 작동된다. 프리츠 하버(Fritz Haber)가 개발하고 칼 보쉬(Carl Bosch)가 기술적인 공정으로 응용을 시킨 방법에 따르면 투입한 질소의 18%를 반응시키는데 200기압과 500도의 고온이 필요하다.

마찬가지로 자연은 매년 1억 톤의 질소를 개별적인 마이크로 유기체에서 단백질, 핵단백질 같은 바이오 분자의 본질적인 구성요소인 암모니아로 전환시킨다. 이 유기체와 공생하는 식물을 넘어서 이 질소결합은 먹이사슬에 접목되고, 직접적으로 모든 생명체와 관계를 맺는다. 자연은 인간보다 더욱더 뛰어나다. 자연은 평상적인 압력과 온도에서 반응을 일으키고, 촉매제로 특별한 효소인 질소를 이용한다. 자연에서는 이처럼 간단한 어떠한 촉매제도 발견치 못했다는 화학자들의 절규는 이제 종착역을 향해가고 있다. 질소효소를 함께 만들고 있는 두 개의 단백질에 대한 구조가 밝혀졌기 때문에 이 메커니즘에 대한 설명이 가능해지고 있다.

수천 개의 생물학적 고분자의 원자에 대한 정확한 구조질서를 제시한 화학구조에 대한 설명은 근대적인 분자생물학의 역사에 결정적인 영향을 미치고 있다. 이것은 대부분 물질의 결정체에 대한 X선 구조 분석의 결과에서 나오고 있다. 이 고전적인 방법은 정확하게 수소원자의 지름까지 제시하는 그림을 제공한다. 이 그림은 근육단백질, 질소에서처럼 나노기계의 기능적인 메커니즘에 대한 자료까지 제시한다. 다른 한편 공간에서 원자의 포지션을 정확히 제시하는 이 서술방식은 또한 단백질 구조에 대해서는 정확한 통계적인 모습을 제공하지 못한다. 이것은 시간적인 구조변화를 볼 수 없기 때문에 일어나는 것이다. 이 방법은 천천히 일어나는 반응을 발견하지 못하고, 백만분의 1초에 움직이는 체액의 요동 또한 이야기할 수만은 없다. 우리는 단지 어떠한 구조가 어떤 빈도로 나타나는지를 단지 통계적으로만 파악할 수 있을 뿐이다. 그 내부에서 어떻게 전환되는지는 여전히 모른다. 효소작용을 보기 위해서는 측정시간을 엄청나게 줄이고, 결정체의 모든 분자를 동시에 출발시켜야 한다. 즉 동시적인 방사를 해야 하고, 반응과정의 동시성을 만들어 내야 한다. 1993년에 네덜란드의 그로인겐(Groningen) 대학의 연구팀이 이러한 수고가 필요 없음을 제시하였다. 반응을 조절하여 특정한 보폭만을 움직이게 하면 결정체 구조의 효소반응을 시간적으로 제시할 수 있다는 것을 제시하였다. 최근에 개발된 전하가 없는 효소의 결정체 구조를 찍는 4 순간 사진촬영방법은 효소촉매제의 메커니즘을 포괄적으로 서술토록 한다. 소위 광전자 리소그래피로 설명되는 이 방법은 TV와 영화를 찍어서 재생하여 보는 기술을 응용하고 있다. 동시 방사와 레이저 광선을 이용한 근대적인 방법에 비해 이 방법은 여러 가지 장점을 갖는다. 이 방법은 콜럼부스의 아메리카 발견처럼 새로운 세계의 모습을 제시하고 있다.

◆ 유전자에서 단백질로 변하는 메커니즘의 변화

왜 주석산은 화학적으로 동일한 특성을 갖는 포도산과는 다르게 극성을 띠는 빛의 차원에서 방향을 틀지 못하는가? 젊은 프랑스 화학자 파스퇴르는 광학적으로 비활성적인 포도당산의 암모늄염의 과포화 용액을 만들어서, 연구소의 창문틀에 놓고 밤새워 결정체가 되도록 하였다. 다음날 2개의 상이한 유형의 결정체를 발견하였다. 그는 포도산의 모습을 하는 결정체를 편광계로 그 광학적 특성을 측정하였다. 파스퇴르는 그 당시에 포도당산의 화학적 구조에 관해 알지 못했지만, 이러한 방법을 통해 분자의 결정구조를 끌어냈다. 약 150년 후에 과학자들이 단층영상 분자의 결정체를 현미경으로 잘라내어 분리하였다. 이 대상이 된 것은 포도산염, 칼슘타르타르 산염이었다. 이러한 기초적인 지식은 나노세계를 여행하는 데 필수적인 것이다. 단백질, 효소 등의 메커니즘에 대한 이해는 나노세계를 앞당기는 전제조건이 되었다.

단백질의 유용성을 확인하면서 이러한 질문이 제기되었다. 사람은 단백질을 어떻게 생성시키는가? 세포는 단백질은 어떻게 만들어 내는가? 우리는 다른 단백질의 도움으로 그것을 만들어 내는 것을 어렴풋이 알고 있다. 어떻게 생물학적인 시스템이 아니지만 이와 비슷한 효과를 내는 나노기계를 제작할 수 있을까? 우리는 세포에서 그 길을 확인하였다. 바로 DNA에서 전령 RNA, 즉 구조화되지 않은 아미노산 사슬로 전환되는 과정을 밝혀내었다. 이와 관련하여 다양한 연구 영역이 형성되고 있다. 바로 유전자의 결합형태에 대한 게놈프로젝트에서 세포분열 조절 단백질을 분해하는 '프로테아좀'(Proteasome)까지 이루어진다. 단백질의 삶의 경로를 알아보는 것은 나노와 관련한 특성을 이해하는 데 기초가 된다. 단백질은 중합체의 촉매제, 파괴시키는 기계의 역할을 한다.

1896년에 매리 셸리(Mary Shellys)의 소설 〈프랑켄슈타인〉이 출간되었을 때 엄청난 사회적 반향을 일으켰다. 이 소설은 과학자의 역할을 비방하는 호재가 되었다. 과학자는 괴물을 만들어 내는 별종 인간이라는 오명을 받았다. 수정된 난자가 매우 복잡한 고등동물로 성장하는 인간의 구조에 대한 지식이 전혀 없었기 때문에, 이러한 생명창조에 대한 기계적 차원의 논의나 서술은 그 당시 매우 사악한 행위로 치부되었다. 지금 현재 우리는 인간의 구조는 조작가능하고, 다른 기술로 대체가능하다는 것에 어떠한 의심도 하지 않는다. 인간의 각 세포는 세포핵에 최소한도 3만 개의 유전자를 갖고 있으며, 이것은 눈의 색깔, 귀의 기능, 신진대사의 기능을 제어하는 효소를 통제한다. 인간 게놈프로젝트는 1988년에 시작되어 2003년에 인간의 유전자 지도를 완성시켰다. 유전자 연구는 생명과 관련한 윤리문제를 본격적으로 제시하였다. 어디까지가 유전자적으로 생명체인지에 대한 것이다. 생물학적으로 중요한 DNA의 특성에 대한 것이었다. 1994년 이탈리아의 바리대학(Bari)의 교수 그라지아오 페솔레(Graziano Pesole)는 획기적인 방법으로 생명체의 경계선을 밝히는 연구방법을 제시하였다.

유전자 코드는 핵산과 단백질 간의 상호관계에 필요한 명령의 통역을 규정한다는 것과 동시에 유전자 언어는 단지 4종의 기호(코드)구성된다는 것을 밝혀내었다. 유전자의 암호는 각각 3개의 기호로 되어 있고, 그 집단은 해독의 틀을 통해 규정된다. 원칙적으로 n 핵산구조의 서열은 4의 n배로 '문장'을 만든다. 유전정보를 받은 전령 RNA가 단백질을 형성하는 전사(轉寫: transcription)가 만들어 내는 전형적인 출발신호는 7개의 기호로 되어 있다. 이것은 16384의 변형을 만들어 낸다. 이것에서 우리는 인간의 다양한 행위가 이러한 복잡한 알고리즘에 기초하여 이루어지고 있음을 알 수 있게 한다. 이 알고리즘은 진화

론자들이 이야기하는 동종의 형태를 만들어 내는 길이 됨을 볼 수 있다. 즉 이 복잡한 알고리즘은 유전자의 형태를 서술하고, 생물학적인 근친성을 높이도록 한다. 우리가 사용하는 언어도 유전자 코드처럼 진화의 산물이라는 사실을 알아야 한다. 언어는 인간 신체 간의 유기적 관계를 만들어 내고, 사회적으로는 '시스템적 관계'를 유지토록 한다.

　인간의 삶의 구조는 유전형질 DNA에 놓여 있다. 이 구조와 기계부품은 바로 단백질, 탄수화물, 지방으로 구성되며, 생명을 만들어 낸다. 이 구조가 갖는 특성의 다양성은 아미노산으로 구성된 사슬분자구조를 하는 단백질인 것을 볼 수 있다. 이 단백질은 효소로서 신진대사의 화학적 반응을 통제하고, 동시에 가속시킨다. 또한 섬유질의 구조를 형성하고, 면역체계의 한 부분으로서 이물질과 병원체를 인식한다. 아울러 근육운동을 활발하게 하며 안구를 맑게 한다. 100여 개의 아미노산 원소로 만들어진 펩티드호르몬(Peptidhormone)은 여러 세포 사이에 간단한 정보를 전달해 준다. 그 기능에 따라 단백질이 살아 있는 시간은 매우 다르다. 간단한 시그널을 전달하는 펩티드 호르몬은 정보가 시의적이지 않으면 곧바로 파괴된다. 이와는 반대로 척추동물의 안구를 조절하는 단백질은 오랫동안 살아 있어야 한다. 그렇지 않으면, 안구는 흐려진다. 단명하는 단백질의 하나는 인슐린인데, 이것은 혈액에서 약 5분간 살아 있다. 실제적인 단백질로 존재하기에는 너무나 작기 때문에 펩티드 호르몬이라 부른다. 단백질에 대한 생화학적 지식은 인슐린이 효소, 항체, 단백질구조와 같은 크기임을 밝히고 있다. 유기체에서 인슐린의 생성과 소멸구조는 모든 단백질의 생성과 소멸구조처럼 단백질생화학대사로 시작한다. 이처럼 눈으로 볼 수 없는 미세한 세계는 인류의 미래를 새로운 창조의 세상으로 향하게 한다.

　나노세계에 대한 생화학적 관점의 논의는 세포가 살아 있는 나노시스템이며, 이것이 무엇을 행하고 있는지를 알려 준다. 생화학자나 생명 공학자들이 이러한 시스템의 기능과 제 과정을 이해하고, 이에 따라 미세한 기계를 만들려 할 때 어떠한 문제점이 있고, 가능성이 있는지를 파악하는 데 필요한 정보를 제공하고 있다. 또한 새로운 나노세계의 연구와 개발이 왜 중요한지에 관한 의미를 전달하고 있음을 볼 수 있다. 수많은 '간단한' 단백질의 구조와 그것의 효과가 발생하는 방법은 미래 세계에 대한 인식의 폭을 넓히고 있다. 특히 뉴클레아제(핵산분해효소), 리이소자임(Lysozym), 프로테이나재(Proteinasen) 같은 고분자를 분해하는 효소와 산소를 전달하는 헤모글로빈과 마이오글로빈(Myoglobin)의 작용메커니즘은 생화학의 핵심적인 기초지식이 되고 있다.

이와는 달리 세포구조의 형성과 기능을 처리하는 분자기계적인 차원의 연구는 그다지 폭넓게 진전되지 못하고 있다. 오늘날까지 리보좀의 기능적 과정, 세포의 단백질 생산에 대한 분자적인 세세한 부분을 밝혀내지는 못하고 있다. 단백질 분해의 문제는 여전히 설명되지 않고 있다. 근육섬유질처럼 기계적으로 작동하는 분자기계는 자신의 비밀을 밝히고 있다. 그러나 우리가 알고 있는 것은 살아 있는 세포의 작은 부분만을 이해할 수 있다.

우리가 알고 있는 부분 정보는 전체를 대표하는 것이 아니라는 것이 걱정을 하게 한다. 예를 들어, 우리가 알고 있는 단백질의 구조는 결정체 혹은 25KD(Kilodalton)[44] 이하의 분자무게를 갖는 단백질의 구조만을 말한다. 이것은 모두 NMR(핵자기공명, Nuclear Magnetic resonance)이나 X선 크리스탈로그래피의 방법만을 이용하여 그 구조를 설명할 수 있었다. 관련된 단백질의 결정체화를 매우 어렵게 하는 발견되지 않은

---

44) 수소원자 하나의 무게는 1달톤(dalton)이며, 여기에 Kilo가 붙으면 1,000배가 되는 것이다.

구조원칙이 혹시 큰 단백질에 있을 수 있다는 사실 역시 배재될 수 없다. 생화학적인 나노시스템의 탐구를 통해 얻게 된 지식은 이미 몇몇 선구자들이 제시한 것처럼 '나노기술 혁명'을 예측하는 데 유용한 척도를 제공한다. 효소처럼 각 분자를 통제할 수 있는 기계는 21세기 후반부에 우리 인류에게 엄청난 부를 가져다줄 것으로 예상된다. 이 기계는 현재의 첨단 하이테크 기술들을 마치 석기시대의 도구처럼 간주하게 될 것이다. 이러한 관점은 에릭 드렉슬러(Eric Drexler)의 저서와 논문에서 찾아볼 수 있다. 어느 정도에서, 어떻게 나노기술이 기술적인 혁명을 불러일으킬 것인지를 논하기 전에 지나간 예전의 혁명을 살펴보자.

우리의 금속활자와 구텐베르크의 인쇄술을 비교해 보자. 우리의 금속활자는 대량생산에 활용되지 않아서 인쇄술의 기술과 관련해서 항시 언급은 되지만, 그 의미가 구텐베르크의 금속활자처럼 강조되지는 못한다. 구텐베르크는 움직이는 활자를 이용하여 성경을 찍는 데 많은 관심을 가졌다. 구텐베르크는 금속의 성질에 관한 지식을 갖고 있었기 때문에, 그 새로운 가능성을 포기하지 않았다. 그의 금속에 대한 지식은 금속활자의 기초가 되었다. 이 금속활자는 바로 정보혁명의 시작이었다. 1455년 처음으로 금속활자를 이용하여 성경을 인쇄한 이후 500년 뒤에 빛을 이용한 조판은 인쇄 영역에서 금속활자를 사라지게 하였다. 금속활자가 사회에 미친 것처럼 컴퓨터를 이용한 정보혁명은 정보기술을 근본적으로 변화시켰다. 인쇄술은 생산성의 향상을 넘어서서 영향을 미치기 시작하였다. 인쇄된 정보는 교육, 과학 그리고 경제에 평가가 불가능한 큰 영향을 미쳤다. 증기기관, 컨베이어 벨트 그리고 PC는 인쇄술처럼 사람들의 일상생활에 스며들면서 기술혁명을 새롭게 주도하였다. 이와는 반대로 단지 이용의 장점만 있었고, 융합의 특성이 없었던 기술 예를 들어, 증기기관을 대신한 디젤기관, 사무실의 용품은 혁명적 모습을 하지는 않았다. 그래서 한 발명이 기술적 혁명을 발생시키는지는 한참 후에 알게 된다. 과거의 기술혁명에서 변혁을 가져오는 세 가지 성분을 끌어낼 수 있다. 바로 새로운 소재의 사용을 가능케 하는 것, 더 양질의 제조기술의 개발 그리고 최근에 경험한 미니화를 제시할 수 있다.

3장

나노 상품의 경제적 의미와
미래의 시장을 둘러싼 싸움

1. 나노입자와 나노 합성물

나노기술은 설명한 것처럼 21세기에 새로운 산업혁명을 잉태시키고 있다. 현재 이 기술이 내재한 엄청난 의미는 모든 영역에 걸쳐 확대되는 모습을 하기 때문에 그 파장을 정확히 평가한다는 것은 불가능하다. 이 나노기술은 우리의 삶의 모든 영역과 관계를 맺는다. 의학에서 컴퓨터, 일용할 양식과 자동차 그리고 의복에까지, 즉 의식주 전반에 걸치면서 변화를 동반한다. 이것은 18세기 산업혁명이 일어나면서 인간의 노동력에 한정되어 이루어지던 생산양식이 기계기술과 동력에 의해 급격히 변한 것처럼, 나노기술은 새로운 자동화된 생산양식과 자원을 활용하는 메커니즘을 제시한다. 미국의 나노비즈니스협회(NBA: Nano Business Alliance)는 앞으로 10년 안에 나노의 글로벌 시장 효과를 10조억 달러로 산정하고 있다.[45] 장기적으로 보아 나노기술은 바로 산업혁명을 주도한 증기기관의 발명, 전기의 상용화 그리고 트랜지스터의 발명처럼 중요한 의미를 가질 것으로 예상한다.[46]

나노기술과 관련되는 부분 영역은 실험 분석학에서 전자공학, 광학, 자동차 산업, 의학, 의약품 산업에까지 걸쳐 있으면서 매우 다양한 모습을 한다. 이러한 영역의 열거 자체 역시 일부에 한정된 것이다. 나노기술의 다면적인 통합적 기능은 모든 기술적인 응용 영역에서 나노기술의 응용을 가능케 한다. 전 세계적으로 수많은 연구기관이 나노기술이 만들어 내는 새로운 가능성을 탐구하고 있다. 나노기술은 전체적으로

---

45) 이 NBA는 나노협회로서 미국의회 대변인 이었던 Newt Gingrich, 벤처 자본 전문가 Steve Jurvetson가 주도하였다. 현재 약 250개의 나노기업이 참여하고 있다. 독일의 나노센터는 뒤쎌도르프에 있다.
46) 유럽연합은 나노가 창조하는 일자리 창출에 깊은 관심을 갖고 있다. 2003년까지 이 나노가 50만 개의 일자리를 창출한 것으로 보고 있다.

볼 때 짧은 역사를 갖고 있지만, 그 활용을 산업적인 차원으로 끌어오기 위한 기초연구에서 다양한 범주로까지 그 연구의 폭이 매우 빠르게 확산되고 있다. 그래서 이미 거대한 세계적인 기업은 나노의 기초기술에서 시장에 적합한 상품의 생산과 시장화까지 동시에 추진하고 있다.

점점 중요해지는 나노기술의 사회적 의미는 다음과 같은 두 지표에서 다시 확인할 수 있다. 하나는 바로 특허권의 숫자와 둘째는 이에 제공되는 자본의 규모이다. 특허정보를 제공하는 더웬트 세계특허통계표(Derwent World Patent Index)에 따르면 나노 특허권의 수는 1996년 776건에서 2003년에 3000개로 급상승하였다. 자본은 2001년에 80억 달러가 투입되었다. 그러나 이 나노기술을 이용하여 판매 가능한 이노베이션적인 상품을 어느 정도, 언제 만들어 낼 수 있는지와 관련해서는 의견이 엇갈리고 있다. 미국의 벤처기업 펀드 매니저인 리처드 화이팅(Richard Whiting)은 나노기술에 대한 투자를 미래의 영역으로 보고 있지 않다고 평가한다. 왜냐하면 바로 상품화하는 데 짐이 되는 기술이기 때문이라는 것이다. 나노기술이 경쟁적인 차이를 만드는 상품판매에 적합한 시장을 형성치 못한다는 것이다. 또 다른 비판자는 나노기술의 구체적인 응용 분야가 확인되어야 한다며, 수많은 장밋빛 약속과 기술적인 현재의 결함 간의 차이는 재원의 투자를 마비시킬 것이라고 주장한다.

나노입자와 나노 합성물은 이미 돈을 벌어들이는 시장을 형성하고 있다. 나노기술에 대한 비판자에 반해 옹호자는 그 수가 훨씬 많다. 전문기술의 미래적 의미를 단순히 설문조사에 기초하여 그 정당성을 옹호자의 수로 판단할 수는 없지만 여전히 전문가의 의견은 중요한 판단의 근거를 제공한다. 독일의 펀드회사인 캐피탈 스테이지(Capital Stage AG.)사의 나노기술 전문가인 베른트 샘싱거(Berndt Samsinger)

는 나노기술은 지난 10년간의 인터넷과 생명공학 기술이 사회를 변화시킨 것처럼 다음 10년간을 변화시킬 것이라고 주장한다. 그래서 나노물질은 무엇보다도 나노입자와 나노합성물을 이용하는 차원에서 이미 이윤을 창출하는 시장을 형성하고 있다. 벌써 염료, 페인트물질, 코팅 그리고 세탁물질은 나노기술에 기초하여 상품을 생산하고 있다. 일본의 미쓰비시는 나노기술의 기회를 이용하기 위해 엄청난 투자를 하고 있다. 플러렌과 탄소튜브를 이용한 엄청난 미래적 시장의 의미는 일본의 반도체산업과 전자산업의 미래를 좌우할 것으로 보기 때문이다. 그래서 미쓰비시는 프론티어 카본(Frontier Carbon Corp.)사를 설립하여 플러렌의 시험생산을 위한 공장을 설립하였다. 미쓰비시는 2020년에 370억 달러의 시장을 예상하고 있다. 왜냐하면 미래의 분자차원의 회로와 컴퓨터를 생산을 위해 나노튜부가 핵심이 되기 때문에 이렇게 예상하였다. 스위스 쮸리히 대학의 디트리히(Francois Diederich) 교수는 이렇게 주장한다.

> 지금까지 생산비용으로 주저하던 플러렌의 비용을 낮추는 기술의 발전으로 인해 대량생산이 가능하고 엄청난 시장을 형성할 것이라는 것을 나는 의심하지 않는다.

독일 과학부는 나노와 관련하여 엄청난 재원을 승인하고 수백만 유로의 투자를 뒷받침하였다. 독일의 선도적인 철강산업인 대구사(Dagussa AG.)의 연구이사 알프레드 오버홀즈(Alfred Oberholz)는 '유럽, 미국, 일본 간에 치열한 경쟁이 시작되었다. 모두 나노기술을 연결시키기 위하여 엄청난 노력을 하고 있다. 앞으로 몇 년간 성장 예상치는 15－20%에 이를 것이다. 일부 영역에서는 30%에 이를 것이다'고 주장한다. 나노기술과 나노재료의 시장이 급속히 성장할 것이라는 것이다. 나노기술이 이제 발전되고 있다고 하지만 나노에 기초한 다양한 상품이 일상적인 시장에서 이미 현실적으로 판매되고 있다. 이것은 일차적으로 물리적인 기초연구를 강조하고, 2차적으로는 상품을 세계시장에 내놓는 마케팅 전략을 중시토록 한다. 나노기술이라는 개념은 매우 상이한 개별적인 기술이 조합된 개념이고, 그 응용의 범주가 여러 곳에 걸쳐 있다. 그래서 나노기술의 투입은 분명한 형태를 갖는 요인이 아니라, 부품과 생산과정 내에서 통합된 구성 부분이 됨을 의미한다. 그래서 여러 곳에서 언급했듯이 나노기술의 한 부분을 명확히 경계선을 긋고, 서술하는 것은 매우 어렵다는 것이다. 그래서 잠재적 시장을 간단히 양화시키는 것은 어렵고, 특정한 조건하에서만 추정가능하다.

그래서 나노기술의 통합적인 기능은 기업에 따라 상이한 평가를 내리도록 한다. 미국의 나노 관련 기업의 1/3은 나노재료와 생산기술 산업이고(31%), 의약품 산업과 의료산업은 21%, 연구는 14%, 전자공학은 11% 정도로 나뉘어져 있다. 여타 나머지 7%는 소비재 상품기업이고, 텔레커뮤니케이션, 분석, 정보기술 그리고 에너지 저장산업이 각각 4%를 차지한다. 2002년에 미국에서 나노를 시작한 기업은 1200개 정도였다. 2004년에 이르러 이 숫자는 배로 늘어났다. 그러나 미국의 이러한 창업의 추세와는 다르게 유럽차원에서 특히 특허수가 제일 많은 독일에서 나노 관련 창업의 추세는 빠르지 않다. 이것은 경제구조와 산업구조의 차이에서 기인하지만, 시장을 보는 전망에 큰 차이가 있기 때문이라 할 수 있다. 독일 뒤셀도르프에 위치한 WGZ은행은 '자본시장의 관점에서 본 나노와 마이크로 기술에 대한 보고서'를 2002년 4월에 발표하였다. 이 보고서는 시장의 발전에 회의적인 시각을 제시하고 있다. 이렇게 주장하고 있다.

마이크로 기술과 나노기술의 경제적 의미를 뒷받침하는 데이터자료는 불안전한 모습을 한다. 현재의 공식적인 경제적 통계는 마이크로 기술과 나노기술을 특별한 카테고리에 집어넣고 있지 않다. 마이크로기술과 나노기술이 얼마나 시장에서 실제로 어느 정도의 비율을 차지할지, 나노와 마이크로기술로 생산된 상품이 이 기술의 개량을 통해서 어떠한 가치를 생산하는지에 대한 어떠한 정확한 메시지도 없다. 이것은 우리의 생각에 마이크로 기술과 나노기술이 상이한 여러 시장에서 통합적 기능을 하는 기술로서 응용되고, 그렇게 될 것이라는 사실에 놓여 있는 것이다. 다른 한편 나노기술이 연구와 개발의 초기에 있기 때문에 지금까지 예상할 수 있고, 이미 시장에 있는 응용기술이 미래에 어떻게 접목될 수 있는지를 전혀 평가할 수 없다. 이러한 이유로 인해서 본 보고서에서는 의식적으로 시장의 규모와 잠재성의 평가를 유보하였다. 그러나 우리는 마이크로 전자공학이 지난 40년 동안 해 온 것처럼 21세기에 영향력을 미칠 수 있는 잠재성을 나노기술이 갖고 있음을 인정하고 있다.

이 보고서의 이중성에도 불구하고 은행은 미래의 경제적 분야로서 나노를 정책적 주제로 발견했다는 것이다. 독일의 DG - 은행과 미국의 NBA는 2010년에 2200억 유로의 시장을 형성할 것이라고 하는 분명한 의견을 제시하고 있다. 2020년에는 1조1천억 유로가 될 것이라고 미국의 NBA는 나노기술의 영향력을 평가하고 있다. 이처럼 자본의 흐름에 민감한 은행의 예상과 추정 역시 다른 모습을 한다. 그럼에도 인정되는 것은 나노입자와 합성물이 시장에서 점점 눈에 띄게 중시될 것이라는 것이다. 염료시장, 화장품 시장에서 요구되는 나노기술은 이미 탄탄한 시장을 형성하고 있다는 것이다.

◆ 새로운 시장과 응용 분야의 특성

초전자 이동트랜지스터들(HEMTs)과 수직공진표면방출레이저(Vertical Cavity Surface Emitting Lasers: VCSELs)는 이미 시장에서 성공적으로 판매되고 있다. HEMTs는 고주파송신과 수신기에 중요한 부품이다. 2002년에 이미 80억 달러 시장을 형성하였다. VCSELs는 광섬유를 통한 데이터 전송에서 중요하고, 빛을 전달하는 광학센서이다. 이 하이테크 부품 시장은 2004년에 이미 수십억 달러가 되었다. 디스플레이 기술은 2005년에 이미 4천 6백만 대의 컴퓨터 모니터에 장착이 된 것을 볼 수 있다. 이것은 평면과 고해상도의 화면을 지향하는 추세를 더욱 빠르게 추동한다. 단가가 떨어지고 있지만 노트북의 확대 등으로 수요는 늘어나고 있다. 특히, 자동차 네비게이션의 급속한 시장확대는 2005년에 이 자동차에 요구되는 디스플레이의 시장을 1200만 대로 증가시켰다. TV의 디지털화와 이에 따른 큰 평면화면에 대한 요구는 나노기술의 투입을 필수적인 것으로 만들어 내고 있다. 액정화면이 현재는 지배적이지만, 앞으로 더욱더 다채롭고 평면화되어 파피루스처럼 둘둘 말 수 있는 형태로 변화될 것이다. 이 구부려서 말 수 있는 도면 같은 화면은 액정화면의 진화가 끝나는 종착점이 될 것으로 보고 있다. 전기는 더 적게 소모하고, 내구성은 길어지는 새로운 디스플레이는 진보된 이 나노기술과의 접목을 통해서만 이루어질 수 있다. 또한 네온사인과 같은 조명장치 시장과 연결되는 나노기술의 시장은 새로운 대륙의 발견과 같은 모습을 한다. OLED로 표시되는 조명시장은 2005년에 1억 달러의 시장을 돌파하였다.

덧붙여 말하면 광학전자공학은 현재 성장세가 제일 큰 기술 영역이 되고 있다. 이 기술은 광학적인 통신데이터 시장, 광학적인 데이터 메모리 그리고 전자오락 분야에서 각광을 받고 있다. 이 외에 바이오칩을 이용하는 컨셉은 칩 속의 공장 형태인 랩온칩(Lab-On-Chip)이라는 이름으로 점점 더 중요한 의미를 얻고 있다. 미국의 시장조사 회사인 프런트 라인(Front Line)은 2005년에 DNA-칩이 4억5천5백만 달러, 단백질 칩은 1억1천4백만 달러 그리고 랩온 칩시스템은 6천3백만 달러의 시장을 형성한 것으로 제시하고 있다. 새로운 기술에 대한 요구를 높이는 다기능적인 상품개발의 추세는 멀티미디어 전자상품을 넘어서서 이제는 생필품 영역으로 확대되고 있다.

예를 들어, 고부가가치의 세라믹에 대한 세계의 수요는 2000년에 이미 250억 달러 시장을 형성하였다. 더욱더 큰 시장을 형성하는 데 나노 단위의 소재에 대한 시장이 커지기 때문이다. 실리움카바이드(Silizium karbid) 소재는 현재 나노크리스탈의 세라믹 혹은 광섬유, 연마제 같은 분사장치를 제조하는 데 사용된다. 특히 초극자 형태로 미세한 나노분말은 염료, 촉매제, 불연재, 마그네틱 액정, 세라믹 합성물, 마그네틱 디스켓, 연마제에서 응용의 영역을 발견하고 있다. 나노분말은 이미 2001년에 시장이 1억5천만6백만 달러를 넘어섰다.

이러한 수치의 제시는 재료 분야에서는 이미 난쟁이 제국의 성장추세가 확연해지고 있음을 의미한다. 염료시장과 연계되면서 화장품 시장, 비디오테이프에 첨가되는 나노분말은 경제적으로 포기할 수 없는 시장요인이 되고 있다. 빛을 걸러내는 물질을 담고 있어 울트라 광선을 보호하는 제품은 점점 큰 인기를 끌고 있다. 이것은 단순한 선크림, 도료, 인공소재가 아니라, 이제는 섬유에 짜 넣는 형태로 응용된다는 것이다. 화장품에서 나노입자는 립스틱, 안면크림 그리고 부드러움을 극대화하는 연화제를 생산하는 데 첨가된다. 이 제품들이 현재 시장을 주도하고 있다. 나노는 화장품 시장 외에 촉매제 분야를 화학산업과 연결시키면서 새로운 화학산업의 활성화를 촉진하고 있다. 화학산업의 모든 공정의 90%는 이 촉매에 기반하고 있다. 촉매제의 중요한 시장적 의미는 낮은 생산비용에 있다. 나노연구의 결과에 기반을 두어 알게 된 촉매작용에서 일어나는 원자의 반응에 대한 새로운 이해는 장차 더 폭넓은 효율성을 높이고, 비용을 개선시킬 것이다. 자동차 산업과 이 촉매작용은 새롭게 중요한 연결점이 되고 있다.

미국제약사의 연구결과에 따르면 의약품산업에 미치는 나노의 영향력은 더욱 거세지고, 그 범위는 급속히 증가할 것으로 기대된다. 전 세계에서 생산되는 의약품의 절반이 이 나노기술의 영향을 받을 것으로 추정하고 있다. 나노크기의 의약소재는 앞으로 먹는 것이 아니라 흡입을 통해서 약을 체내로 들어오게 하고, 이 추세를 강화시킬 것으로 예상하고 있다. 이 흡입을 통한 약의 투입은 의약품 시장을 혁명적으로 변화시킬 것으로 이미 간주되고 있다. 이와 더불어 소위 '세포단위의 의학'과 관련해서 중요한 주제는 생체와 조화로운 물질에 대한 관점이다. 인공적인 세포와 뼈 등의 생산은 지속적인 연구를 요구하면서 의학의 근본적인 틀을 바꾸고 있다.[47]

이 외에도 나노는 에너지 분야, 자동차 산업의 발전에 결정적인 영향을 준다. 나노기술이 자체의 통합적인 기능을 통하여 기술과 경제 분야에서 중요하며, 결정적인 역할을 한다는 것에는 의심의 여지가 없다. 그러나 여전히 투자의 물결을 쇄도토록 하는 데 필요한 결정적인 원심력은 여전히 강하지 못함을 볼 수 있다. 난쟁이 제국의 시대가 시

---

47) 2005년 8월부터 독일 뮌헨 소재의 도이취박물관은 인공적인 인간의 조직과 기관의 미래적 의미를 주제로 전시회를 하였다. 기술발달의 차원에서 이루어지는 이 전시회는 의사의 직업이 자동차 수리공처럼 변화는 방향을 제시하고 있다. 필자는 이 전시회를 보고 나노와 생명공학기기 분야의 결합이 매우 시급하고, 정책적인 뒷받침이 필요함을 느꼈다.

작은 되었지만, 이것을 제동하는 힘이 여전히 강함을 볼 수 있다. 이것은 크게 두 가지 관점에서 분석할 수 있다.

하나는 나노연구는 지금까지 주로 기술의 발전이라는 관점에서 이루어져 왔다. 사람을 매혹시키는 나노라는 미세한 크기에만 매달리는 모습을 보였고, 상품적인 것으로 발전시키는 특성에는 별다른 관심을 두지 않았다. 둘째는 나노기술에 기반을 둔 문제의 해결방법이 현재 매우 비싼 비용을 치러야 한다는 것이다. 대안적인 것이 여전히 비용과 효율의 관계에서 나노기술의 응용보다 더 나은 것을 볼 수 있다.

이러한 현 상황에 대한 논의에서 끌어낼 수 있는 것은 많은 사람들이 환호하고 열광하는 나노기술을 이용하여 이윤을 크게 취한다는 것은 힘들다는 것이다. 단지 소위 말하는 고전적인 나노기술을 이용하는 화장품, 염료 같은 영역에서만 대량생산이 이루어져서 이윤추구가 가능하다는 것이다. 그러나 기술의 확보에 투자하는 연구비의 증액 없이 이 미래의 혁명을 준비할 수 없기 때문에 나노기술의 확보는 우리나라와 같은 자원빈국의 미래를 준비하는 데 있어 결정적인 것이 될 것이다.

나노기술에 대한 이해와 그 미래적 의미에 대한 공적인 합의가 없을 때, 우리는 다시 1950년대의 보릿고개를 걱정하는 빈궁한 나라로 돌아갈 수밖에 없다. 우리나라에는 미래에 대한 중요한 문제가 주로 이데올로기적인 관점에서 논의되고, 채색되는 모습을 보여 왔다. 지난 대통령 선거에서도 우리 국민은 글로벌을 색맹적인 눈으로 보았고, 그 결과 미래와 충돌하는 정치를 경험하였다. 과학에 대한 이해가 전무한 지도자는 과학을 경제요인이 아니라 정치의 선정적 도구로 활용하였고, 더 나아가 과학발전에 대한 균형적인 시각을 없애는 무모한 행위를 서슴없이 행하는 것을 볼 수 있다. 우리는 역사적으로 미래의 준비에 무모할 정도로 허점을 보여 왔다. 그래서 목마른 자가 먼저 우물판다는 말을 생명으로 삼도록 하였다. 지도자를 믿을 수 없기 때문에 개인과 기업이 이 나노기술에 대한 이해를 넓히는 노력이 필요하다. 그래야만 우리가 살 수 있다. 지도자는 사라져도, 국민은 남기 때문이다. 국민만이 최종적인 책임을 진다. 나노기술에 대한 것도 마찬가지로 기업과 우리 연구자 개인의 책임으로 남을 것이 분명하다.

2. 미래의 시장을 둘러싼 전략적 싸움

전통적으로 하이테크 분야에서는 미국, 독일 그리고 일본 간에 치열한 싸움이 벌어지고 있다. 독일은 브뤼셀에서 유럽차원의 연구를 관장하면서 유럽차원으로 점점 더 그 힘을 확대시키고 있다. 독일은 유럽차원에서 이루어지는 연구와 개발에서 기관차 역할을 떠맡고 있다. 미래의 시장에서 최적의 위상을 차지하기 위한 이 세 나라의 경쟁은 무엇보다도 자동차와 기계설비, 화학과 의약품, 마이크로 전자와 마이크로 시스템기술, 우주항공 산업에서 치열하게 전개되고 있다. 그칠 줄 모르는 선두경쟁은 연구 개발된 기술을 판매 가능한 상품으로 만들어 내는 제조 분야에서뿐만 아니라, 현재 나노기술의 네 가지 영역에 존재하는 기초연구에서 첨예하게 이루어지고 있다. 이 소위 빅 3 나노 국가는 기술의 활용에서 선두 경쟁을 치열하게 하는데, 이 원인은 나노기술의 통합적 기능이 워낙 폭넓기 때문이다.

2002년 9월 독일의 전기, 전자 그리고 정보통신 엔지니어 협회(이하 VDI)는 '핵심기술 2010'라는 보고서를 제출하였다. 이 보고서는 연구자, 기술개발자, 기술종사자 그리고 기업의 경영자에게 설문조사를 하여 중요한 미래 기술의 의미를 분석하고, 제시한 것이다. 가장 이노베이션의 잠재성이 큰 기술을 이들에게 물어보았는데 마이크로 시스템기술과 나노기술이 57%, IT 모바일 컴퓨팅 그리고 네트워킹 기술이 50%, 바이오와 생명공학 47%의 순서로 결과가 제시되었다. 놀랍게도 전자공학과 마이크로 전자공학은 4위를 차지하였다. 대학의 연구자에 대한 설문조사는 매우 다른 결과를 분명히 제시하였다. 마이크로 시스템 기술과 나노기술은 80%라는 높은 비율을 차지하였다. 여기서 보듯이 나노기술은 미래의 핵심기술로 가장 높은 위상을 차지하고 있다.

◆ 차세대 산업혁명의 의미

마이크로 시스템기술과 나노기술과 관련하여 누가 가장 큰 이노베이션적인 원동력을 갖고 있는지에 대하여 전문가들에게 질문을 했다. 이 질문에서 미국, 독일(유럽), 아시아를 비교했는데 예기치 않은 결과가 제시되었다. 전문가들은 유럽에 57%, 미국에 41% 그리고 아시아에 22%의 비교치를 제시하였다. 아시아는 2010년에는 22%로 이노베이션 능력을 잃어버리는 모습으로 나왔다. 이 예견치는 특정한 의견이 제시된 연구결과이지만 우리에게 시사하는 점이 매우 많다. 이 결과는 일본이 아시아를 대표하여 많은 영역에서 유럽 및 미국과 경쟁을 하였지만 대부분의 영역에서 그 힘을 잃어버릴 수 있음을 예견케 한다. 한국의 모바일 기술과 칩 생산에서의 일시적 성공, 중국의 새로운 부상은 일본에게 큰 짐이 되고 있는 것을 볼 수 있다. 나노기술의 개발과 투입과 관련하여 연구와 산업의 네트워크화에 대한 질문에서 독특한 모습이 나타났다. 설문자 가운데 독일기업(73%)과 미국 기업(79%)은 이노베이션을 위한 결정적인 자극을 바로 네트워크에서 기대한다고 답변하였다. 미국기업이 보는 독일의 미래적 기술의 이노베

이션 역량은 더 높다. VDI의 연구는 독일이 나노기술 영역에서 2010
년에 최고의 위상을 차지할 것으로 보고 있다. 독일의 과학기술 개발
능력에 대한 긍정적인 면을 이것에서 볼 수 있다. 현재 독일 율리히
연구소에서 이루어지고 있는 나노연구는 이러한 평가를 당연하게 받
아들이게 한다. 이러한 최근의 데이터와 현 상황을 평가할 때 우리의
연구 상황은 어떠한가? 대학과 큰 국책연구기관 간의 협력체계는 이
노베이션을 가능케 하는가? 나노의 통합적 기능은 우리에게 공동협력
의 장을 개방하고, 확대할 것을 요구한다.

  미국의 전 대통령 빌 클린턴은 2000년 초에 '차세대 산업혁명의 기
수(Leading to the Next Industrial Revolution)'라는 모토하에 '국가
나노기술 이니시어티브(NNI: National Nanotechnology Initiative)'를
설립하였다.[48] 이 NNI는 나노기술의 연구에 대한 장기적인 뒷받침을
하고 있다. 이것은 나노의 통합적 기능을 확대시키는 토대를 만든 것
이다.[49] 미국의 이러한 정책과 연구의 제도화는 나노의 경제적 의미
와 국가안보의 차원을 상호결합시키고 있음을 쉽게 읽을 수 있다. 이
NNI의 설립목적을 소개하면 다음과 같다.

  나노기술이 건강, 복지 주민의 삶에 미치는 영향은 20세기에 발전
  된 마이크로 전자공학, 의학의 영상기술, 컴퓨터가 조정하는 엔지니
  어링 그리고 새로운 인공소재의 개발의 영향을 결합시킨 것 같은 의
  미심장한 것이 될 수 있다.

---

48) 이것은 나노의 전도사인 미국의 물리학자 에릭 드렉슬러(K. Eric Drexler)
    의 미상원에서 나노에 대한 강연이 이루어진 후에 자극을 받아 이루어졌다.
49) 재료와 제작, 나노전자공학, 의학과 보건, 환경과 에너지, 화학 및 의약
    품 산업, 바이오기술과 농업산업, 정보통신기술, 국가안전의 영역에 나노
    를 접목시키도록 유도한 것이다.

미국IBM의 수석연구원인 존 암스트롱(John Amstrong)은 이미 1991년에 나노학과 나노기술이 새로운 사회에서 핵심적인 의미를 갖고, 혁명적인 것이 될 것이라고 주장했다. 그는 기술개발이 선진국에서 점점 더 막대한 존재가 될 것이라고 주장하면서, 기술이 한 나라의 미래를 좌우하게 되는 것은 놀랄 만한 일이 아니라고 못 박았다. 그래서 미국정부는 독자적인 컨셉이 없던 시대를 마감하고 NNI의 설립을 통해 기존의 정책을 바꾸었다. 1999년 대통령 과학기술 자문위원회(PCAST)가 파악한 관점과 이에 기초한 보고서는 나노 이니시어티브를 움직이는 막강한 힘이 되었다.50) 이러한 이니시어티브와 정책적인 뒷받침은 2002년에 6억 달러의 연구비를 나노에 투자토록 하였다. 미국의 유명한 모든 연구소와 중요 국가 부서는 이 나노에 집중적인 연구비를 지출하고 있다.

미국 정부는 미국과학재단(NSF)을 통해 2002년에 2억2천백만 달러를 기초연구에 집중 배치하였다. 미국과학재단은 기초연구를 주도하며, 나노물질의 제조와 생산 그리고 합성을 위한 방법을 개척하기 위한 탐구를 지원한다. 최근 나노바이오 기술에 중점을 두면서 나노와 생물학의 결합에 중점을 두고 있다. 미국방성은 2003년 나노기술의 연구에 1억8천만 달러를 지출하였다. 에너지부는 2003년에 약 1억3천 9백만 달러를 환경과 에너지 전환의 기술에 지불하였다. NASA와 모든 정부부처는 나노의 제작과정, 생물학적, 방사능적 그리고 폭발적인 소재의 보호와 인식을 위한 나노기술에 집중하고 있다. 이러한 모든 투자는 미국이 난쟁이 제국의 의미를 평가하는 과정에서 나온 것이다. NNI는 모든 영역에서 나노기술 간의 공동협력을 요구하고 있다. 대학, 국가연구기관 그리고 기업연구소는 네트워크를 만들면서 이 협력체계

---

50) PCAST가 클린턴에 제출한 보고서의 핵심은 바로 나노기술을 다루고 고려해야 할 시간이 왔다는 것이었다.

를 구성하였다. 독일은 이미 1998년에 세계적으로 인정받는 6곳의 소위 나노 능력개발센터(Kompetenzzentrum)를 만들었다. 미국은 독일의 이러한 모델을 복제하였다.

NII는 미국이 나노연구를 독점적으로 지배할 수 없다는 것에 전적으로 동의하고 있다. 유럽과 일본 그리고 최근에 한국과 중국이 미국과 동일한 형태로 연구의 질과 폭을 넓히기 위하여 국가차원에서 지원을 하고 있기 때문이다. 모든 자연과학자와 사회과학자, 그리고 정치인들이 21세기에 나노기술의 경제적 잠재성을 인정하고 있기 때문이다. 1945년 이후 이루어진 여타 기술혁명과는 상황이 다른 것이다. 모든 기술 부분에서 앞서 가던 미국은 여타 나라와의 공동협력을 강조하고 있다. 이러한 자극은 독일의 연구결과에 있다. NBA는 이렇게 주장하고 있다.

> 지난 70년간 이루어진 기술발전의 형태와는 다르게 나노 영역에서 미국은 지배적인 위상을 갖는 나라가 될 수 없다. 유럽연합, 스위스, 러시아, 일본, 한국, 중국, 캐나다, 호주 그리고 여타 나라가 나노기술 영역에서 중요한 행위자가 되고 있다.

이 가운데 우리가 분명하게 알아야 하는 것은 일본의 연구능력이다. 일본은 우리처럼 자원빈국이고 모든 면에서 자연조건이 나쁜 나라이다. 일본의 지도자들은 이러한 점을 오래전에 인식하고 기술개발만이 일본의 미래를 보장한다는 절대원칙을 갖고 있다. 우리의 정치가들과는 차원이 다른 것이다. 박정희 대통령을 제외하고 이러한 혜안을 갖고 있는 지도자는 현재까지 유감스럽게도 없었다. 모두 정치투쟁에만 능수능란하였지, 미래의 문제를 보는 눈은 까막눈이었다. 그럼에도 주제넘게 전문가의 학문적인 소리는 멀리하고 미디어의 단신보도에 의

존하는 편협성을 보였다. 우리가 분명하게 특히, 젊은이들이 분명히 알아야 하는 것은 일본은 경제대국이며, 정치대국이라는 사실이다. 이러한 사실을 정확히 알고, 인정해야지 우리가 정확한 미래를 설계할 수 있고, 최소한 방어를 할 수 있다.[51] 이미 오래전부터 일본은 기초지향적인 연구와 다른 한편 산업지향적인 상품의 제조와 이를 위한 강력한 재정지원 조치를 정책적으로 펼쳐왔다. 이미 80년대 말에 요시다 나노 프로젝트(Yoshida Nano Project)와 아오노 원자력 프로젝트(Aono Atomcraft Project)를 추진하면서, 나노기술의 분석과 구조방법을 탐구해 왔다. 이와 더불어 일본의 강력한 국제무역 및 산업성은 '기초연구가 인류의 미래를 연다(Basic Research opens the Future of Mankind)'는 프로젝트를 진수시키면서 4천만 달러를 양자연구에 투자토록 하였다. 이 프로젝트의 결과에 기반을 두어 일본정부는 상호학제적인 기초연구가 무엇보다도 중요함을 다시 확인하였다. 그래서 1992년 소위 앙스트롬 기술 프로젝트(Angstrom Technology Project)를 발주하고, 쓰쿠바 대학의 주도로 원자력 협력연구센터(Joint Research Center for Atom Technology: JRCAT)를 설립하였다.[52] 이 연구는

---

51) 필자는 감상적 민족주의 특히 일본에 대한 감상적 편협성은 우리에게 해가 되고, 암이 될 수 있다는 점을 강조한다. 우리 선조는 일본의 능력을 편협된 시각에서 보았기 때문에 제대로 대응하지 못하였다. 사실의 인정, 정확히 보는 것이야말로 우리를 건강하고 경쟁력 있게 만드는 것이다. 기술의 발전은 이데올로기적인 시각을 부정한다. 왜냐하면 기술은 중립적이기 때문이다.

52) 앙스트롬(Angstroem, 1814~1874)은 스웨덴의 물리학자이며 천문학자이다. 앙스트롬은 원자 영역에서 예전에 사용하던 척도의 단위였다. 이 크기는 0.1nm이다. JRCAT에 일본의 학제 간 응용국가연구소(NAIR), 30여 개의 외국기업이 참여하였다. Ultimate Manipulation of Atoms and Molecules라는 보고서를 제출하였다. MITI는 1992~2002년까지 2억5천만 달러를 투자하였다.

전 세계의 학자와 국가에 개방되는 형태를 유지했으며, 나노튜브의 개발자 후지야마를 배출시켰다. 일본의 전자공학, 전자오락관련 기업, 광학기업으로 이름이 난 모든 기업이 이 프로젝트에 참여하면서 재원을 지원하였다.

독일의 과학연구부는 '독일의 나노기술(Nanotechnologie in Deutschland)'이라는 보고서에서 빅 3국가의 나노 연구비를 비교하였다. 이 비교를 보면 일본정부의 나노에 대한 관심을 정확히 읽어낼 수 있다.

〈표 3-1〉 빅 3국가 간의 나노 연구비의 비교 (단위: 백만)

구 분	2001년	2002년	2003년
독 일	153	198	200
유럽(독일포함)	298	439	600
미 국	467	643	741
일 본	500	650	810

* 유럽의 연구비 단위: 유로, 미국과 일본: 달러.

일본은 전자공학에 국가의 미래를 걸어왔다. 소위 '축소지향의 문명화 추세'를 일찍 간파하고 거시세계에서 가능한 소형화, 미니화를 상품화시켰다. 이것은 일본이 패전에서 다시 일어나는 돌파구가 되었으며, 경제대국을 넘어 다시 정치대국이 되도록 하였다. 새로운 나노세계는 기존의 축소지향과는 차원이 다르다. 일본정부는 삶의 여러 형태가 미니화되는 나노를 통해 소위 나카소네가 주창한 '불침항공모함'이 되려는 전략을 지속적으로 세우고 있다. 나노에 대한 일본정부의 미래적 추구는 사생결단을 하는 모습을 한다.

◆ 유럽의 나노 프로그램

학술적으로 앞서가고 있는지를 탐구하는 지표 가운데 중요한 것은 학자들의 논문 발표 숫자다. 독일의 앙겔라 훌만(Angela Hullmann)은 1997-1999년까지의 나노기술관련 논문을 분석하였으며, 이에는 SCI(Science Citation Index)를 이용하였다. 미국, 유럽, 일본이 전 논문의 절반을 차지하였다. 미국이 24%, 일본 13%, 독일 11%, 그리고 중국, 프랑스, 영국, 러시아의 순서로 나타났다. 특허에 따른 순위를 보면 미국이 40%, 독일 15%, 일본 11%를 차지하고 있다. 독일은 유럽차원에서 가장 선두주자의 위치를 차지하고 있으며, 스위스와 이스라엘이 그 뒤를 잇고 있다. 독일의 나노기술은 양적으로 높은 위치를 차지하지만, 전문가들은 기초연구의 약점을 지적하고 있다. 스위스는 현재 엄청난 재원을 투자하고, 국가차원에서 나노연구를 촉구하고 있다. 스위스는 바젤에 나노 분자과학 능력개발센터(NCCR)를 설치하여 기초연구와 기술연구를 병행하고 있다. 이 연구소의 연구 분야를 열거하면 다음과 같다.

- 의학과 나노기술
- 나노설비기계
- 세포와 분자생물학과 관련한 나노기술
- 양자컴퓨터와 나노크기의 정보
- 나노재료와 자기조립과정
- 나노화학
- 분자기계와 그 기능분석
- 양자정보처리 기술
- 극한 측정치
- 분자 전자공학: 나노 기능단위의 구조와 원리

이렇듯 연구 분야가 다양하게 나뉘어져 있다. 이 연구소는 스위스 국가펀드와 상이한 제3의 재원 그리고 대학의 연구비를 지원받고 있다. 세계적인 명성을 갖는 쥬리히 공과대학(ETH)은 2002년에 'Frontiers In Research, Space and Time(FIRST)'라는 랩(Lab)을 설립하였다. 연구소장 클라우스 엔스린(Klaus Ensslin) 교수는 ETH가 이미 선도적인 나노기술의 위상을 차지하고 있음을 선언하였다. 이 연구소의 설립에 물리학자, 기계공학자, 공정기술학자, 정보기술학자 그리고 전자공학자, 소재공학자가 참여하였다. 현재 새롭게 바이오 화학자, 분자생물학자가 이 프로젝트에 참여하고 있다.

2001년 2월 유럽의회와 자문위원회는 연구와 기술발전을 위한 프로그램의 범주에서 여러 가지 연구프로젝트를 기획하였다. 6개의 연구프로그램을 기획하여 이에 170억5천만 유로를 지불토록 결정하였다. '유럽의 연구 복합체'의 범주에서 나노는 10억3천만 유로를 지원받았다. 유럽연합은 나노기술이 여러 차원에서 복합적으로 연계되어야 한다는 것에 일치된 의견을 제시하고 있다. 특히 나노기술은 사회적, 사회복지적 차원에서 다양한 영향을 미치기 때문에 이것을 기업과 연구소가 미래를 담보하는 마음으로 공동 연구해야 할 '새로운 도전'으로 정의하고 있다. 6개의 연구프로그램은 '보건건강을 위한 유전자공학과 생명공학', '정보화 사회를 위한 기술'과 관련된 나노기술의 발전, 그리고 센서와 발동기(Actuator)의 조립에 지능과 기능성을 여러 형태로 부여토록 하는 데 큰 초점을 두고 있다.

2002년 6월 프랑스의 그르노블(Grenoble)[53]에 마이크로기술과 나노기술을 주도하는 CEA-MINATEC 연구소가 문을 열었다. 이 연구소

---

53) 프랑스 남동부(도피네) 론알프 지방 이제르 주의 주도(州都). 리옹 동남쪽 몽라셰 산기슭의 해발 214m 지점에 위치하며 이제르 강을 끼고 있다.

는 나노를 중심에 두는 유럽연합의 연구소이다. 이 연구소의 모토는 유럽의 연구가 나노기술 혁명을 주도한다는 것이다. 나노는 유럽의 산업과 경제에 황금의 기회를 제공한다는 것이다. 현재 2000개의 조직이 연계되어 참여하고 있으며, 매년 2억 유로가 재원으로 활용된다. 우리가 여기서 주목할 것은 분야 간의 소위 '탁월한 것 간의 네트워크화(networking of excellence)'라는 컨셉이다. 유럽의 나노 연구는 이제 약점을 보완하는 네트워킹을 통해서 비약을 위한 준비를 진행시키고 있다.

〈그림 3-1〉 프랑스의 CEA-MINATEC 연구소

핵심기술은 지속적인 미래의 비전과 우리의 삶에 미치는 영향, 차세대의 삶을 약속한다. 이 핵심기술은 사회변화를 주도하고, 변혁시킨다. 이러한 의미에서 핵심기술은 정보통신기술과 바이오기술이다. 나노기술은 이제 제3의 세력으로 그 자리를 확고히 하고 있다. 독일의 교육연구부(BMBF)는 가장 중요한 나노기술 지원기관이다. 90년대까지만 하여도 나노연구는 대학, 연구소 그리고 산업이 자기 분야에서만 독자적으로 연구를 해 왔다. 상호 간에 소위 말하는 학제 간, 기관 간의 상호연계 연구는 활발하게 이루어지지 못하였다. 이미 여러 곳에서 언급하였듯이 나노 연구에서 상호연계 연구는 정확한 방향이고, 긴급하게 요구되는 부분이다. '물질연구와 물리적 기술의 연구' 범주에서 이미 10년 전부터 독일의 교육연구부는 나노를 주제로 삼았고, 나노분말, 실리움 구조의 생산 그리고 나노분석을 위한 방법개발에 중점을 두었다. 1998년 이후 연구가 연계되고, 학계와 기업이 네트워크화되기 시작하였다. 독일정부는 2003년에 나노전자공학에 2천7백5십만 유로, 나노물질에 2천3백9십만 유로, 광학기술에 천7백만 유로를 지불하였다.

독일의 교육연구부는 나노와 관련하여 세 가지 방책을 추진하고 있다. 첫째는 나노 관련 차세대 육성경쟁프로그램이다. 5년간 7천5백만 유로를 차세대 유망연구 집단에게 지원하는 것이다. 250여 명의 연구자로 구성된 50개의 이러한 집단은 이 기간이 지나도 인접 자연과학기술 분야를 연구할 수 있는 지원을 받을 수 있다. 이 육성경쟁 프로그램은 나노기술의 경쟁과 활용을 자극하는 데 목적이 있다. 둘째는 등대 프로젝트(Leuchtturmprojekte)이다. 난쟁이 세계인 나노는 어떠한 하이테크와 달리 무게, 부피, 에너지 사용 등을 최소화시키는 기회를 제공하기 때문에, 제때에 핵심기술의 영역을 확인하고 잠재적인 특허를 보장하는 것이 중요하다. 바로 이러한 의미로 인하여 독일 차세대 산업을 추동하는 전략으로서 나노의 이노베이션 특성과 경제적 의미를 등대처럼 밝혀야 한다는 것이다. 이 등대프로젝트는 먼저 개발하는 자가 기준을 정하고 동시에 시장을 점령한다는 것이다. 나노기술의 제조기술의 표준화를 성취하는 데 큰 목적이 있으며, 여타 경제 영역과 전략적 동맹을 건설하는 것이다. 셋째는 중소기업의 이노베이션 능력을 높이는 것이다. 중소기업이 나노기술의 연구결과를 접목시키지 못할 때, 전체적인 시장의 이노베이션 능력이 떨어진다는 것이다. 중소기업이 보다 쉽게 이 나노의 연구결과를 활용토록 하는 접근의 개선이 이 조치의 핵심이다.

이러한 모든 방책을 뒷받침하는 것으로 1998년 10월 소위 지식의 마그네트로서 6개의 나노 능력개발센터가 설립되었다. 아헨(Aachen)에 고도 마이크로 전자센터(Advanced Microelectronic Center), 잘브뤼켄(Saalbruecken)에 신물질 연구소(Institut fuer Neue Materialen GmbH: INM), 베를린에 나노 광학전자공학 센터, 드레스덴(Dresden)에 푸라운 호퍼의 재료공학과 방사능기술 연구소(Fraunhofer Institut fuer Werk Stoff-und Strahltechnik(IWS), 뮌스터, 함부르크, 뮌헨대학에 나노분석학 센터, 브라운슈바이크(Braunschweig)에 초전도체 처리 연구소가 설립되었다. 이 센터들은 전국적으로 400여 개의 이해 관계자들이 참여하는데, 대학과 연구소가 23%, 대기업이 12%, 중소기업이 35%, 재원펀드기관이 6%로 관여하고 있다.

4장

나노기술의 기회와 응용사례

1. 나노우주 세계의 여행

우리의 물질세계는 원자로 구성되어 있다. 이것은 벌써 2,400년 전 그리스의 철학자 데모크리토스(Demokritos, B.C. 460~B.C. 371)가 주장한 것이다. 현재 그리스 사람들은 10드라크마 동전에 그의 얼굴을 새겨 넣어서 기념하고 있다. 빗방울 하나는 10^{19}승의 원자를 갖고 있다. 원자는 미세한 구조, 즉 10^{-9}의 나노구조 크기를 갖는다. 나노의 크기는 10^{-9}승이다. 한편 로마의 시인이자 철학자였던 루크레티우스(Lucretius)는 놀라울 정도로 정확하게 시(詩)로 원자를 노래했다.

> 우주는 끝없는 공간과 더 이상 작게 부실 수 없는 무한한 입자, 즉 원자로 구성되어 있다. 그럼에도 불구하고 원자의 구성형태는 유한하다. …… 원자는 단지 형태, 크기 그리고 무게의 차이로 구별된다. 원자는 침투할 수 없을 정도로 단단하고, 변화시킬 수 없고, 물리적으로 나눌 수 없다.

이 시는 순수하게 유추적인 생각이지만 정말로 멋진 표현을 하고 있다. 이러한 물체의 특성에 관해 우리 인간은 오랫동안 깊은 생각을 하지 않았다. 1611년이 되어서야 유명한 천문학자 케플러가 눈송이의 형태에 관한 논문을 발표하면서 물질의 특성에 대한 학술적인 논의가 실질적으로 시작되었다. 케플러는 규칙적인 형태는 단지 간단하고, 동일한 형태의 소재 덩어리로만 생성될 수 있다는 자신의 생각을 발표하였다. 이것은 바로 물질의 특성에 대한 인간의 새로운 관찰을 시작하는 출발점이었다. 그러나 소재와 광물을 다루는 학자들은 원자를 단순한 둥근 덩어리이며 변화시킬 수 없는 것으로 인식하였다. 그러나 20세기가 시작되면서 원자에 대한 관념이 새롭게 빛을 발하기 시작하였다. 이 새로운 빛은 1921년 독일 뮌헨대학의 실험실에서 나왔다. 구리황산에 X선을 쬐니 등불을 우산에 비추인 것과 비슷한 모습을 하였다. 이 광물은 선과 고리로 규칙적으로 이루어진 원자의 모습을 하였다. 마치 우산 속의 살처럼 말이다. 다르게 표현하면 시장의 바구니에 쌓아놓은 귤 덩어리 형태를 하였다. 광석 속의 원자가 이렇게 일정하게 규칙을 갖고 배열되어 있는지에 대한 근거는 간단하다. 물질은 가능한 편안한 상태로 있으려 하고, 선과 고리는 가장 편안한 상태를 만들어 낸다. 바구니에 들어 있는 콩을 흔들면 콩은 규칙적인 모형을 한다. 원자는 더 쉽게 그러한 형태로 바뀐다. 그러나 간단한 모형의 물질은 항시 증식에 우호적이지 않다. 스스로 일정한 규칙을 갖으려는 힘에 의해서 지구상의 물질은 수백억 년 동안 경이로운 복합적이고, 유기적인 형태를 갖게 되었다. 최신 분석기기는 광물의 이러한 복잡한 구조를 나노미터의 단위까지 볼 수 있도록 하고 있다. 1980년에는 드디어 주사 터널링 현미경을 이용하여 광물원자의 모습을 그림으로 찍어내고 또한 여러 방향으로 변화시킬 수 있게 되었다. 이러한 새로운 연구의 장은 엄청난 새로운 연구를 가능토록 하였다. 바로 나노우주에 대한 탐구이다.

나노기술은 생명이 있는 자연에게 소중하다. 생명이 있는 자연은 400억 년 동안 자체의 문제를 해결하기 위해 놀라운 방법을 발전시켜 왔다. 가장 전형적인 형태는 '생명은 자신의 물질을 미세한 원자의 차원으로까지 구조화시켰다'는 것이다. 나노기술은 이러한 형태를 인공적으로 만들어 내려는 것이다.

현대 사회에서 원자는 사랑받지 못하는 부정적 의미를 갖고 있다. 이 용어는 엄청난 폭발이나, 위험한 방사선 같은 위험을 즉각 떠오르게 하기 때문이다. 원자탄을 생각나게 한다. 이것은 원자핵을 다루는 기술과 관련된 표현이다. 기존의 원자연구는 원자 간의 충돌에 따른 에너지를 연구한 반면, 나노기술은 원자의 표면을 연구하고 다루는 새로운 연구 분야이다. 이 분야는 나노기술적으로 활용되는 용적의 크기(Scala)를 이용하는 기술을 개발한다.

원자가 실제로 다양한 유혹적인 무늬를 갖고 있다는 사실을 보여주기 위하여 우리는 나노우주세계의 한 모습을 잘 설명하는 치즈를 선택하여 볼 수 있다. 벨기에의 플랑드르 지역에서 생산되는 미모레트(Mimolette) 치즈는 표면에 여러 작은 구멍을 갖고 있다. 이것은 치즈에 무엇인가 살 수 있다는 것을 상상토록 한다. 치즈에 자리를 튼 진드기는 활동을 통해 미모레트라는 향을 독특하게 만든다. 진드기는 0.1mm의 크기로 존재한다. 여타 다른 생물처럼 진드기는 세포로 구성되어 있다. 세포의 길이를 재는 단위는 마이크로미터이다. 세포하나는 매우 복합적인 기계장치를 갖고 있다. 이 기계장치의 중요 부분은 DNA의 원리에 따라 모든 가능한 단백질 분자를 생산해 내는 리보좀(Ribosom)이다. 리보좀의 크기는 20나노미터이다. 현재 리보좀 구조의 한 부분은 원자의 차원까지 규명되고 있다. 나노기술을 이용한 이러한 첫 번째 상품은 리보좀에 침투하는 박테리아를 봉쇄시키는 신약의 개발이다. 자연에서 볼 수 있는 나노기술의 쉬운 예를 들면 다음과 같다.

◆ 연꽃잎 효과(Lotus effect)

금련화로 불리는 연꽃은 항시 잎을 깨끗이 유지하고 있다. 이슬이나 빗방울이 잎의 표면에서 떨어져 나가면서 먼지를 쉽게 씻어내는 것이다. 그 이유는 연꽃잎의 나노구조에 있다. 이 구조는 물을 빠른 속도로 흩어져 내리게 한다. 동시에 더러운 물질을 씻어 내리게 한다.

독일 본 대학의 바트로트(Barthlott) 교수가 연구한 바로 이 연꽃잎 효과는 물이 이물질을 씻어 내도록 하는 세안용 화장품에 이용되고 있다. 만약에 화장실 같은 위생시설에 활용되는 도자기에 이 연꽃잎 효과의 방법이 접목되면 효과적일 것이다. 식물의 잎에는 더 많은 나노기술이 녹아 있다. 식물의 수분대사는 항시 식물의 단백질인 포리소멘(Forisomen)[54]에 의해 규정된다. 이것은 식물의 모세시스템에 길을 열어주거나, 다쳤을 때 문을 닫는 미세근육의 역할을 한다. 이것이 바로 일차원 동력을 갖는 식물의 근육인 것이다.

원자의 크기에서 매우 활용적인 기술은 지구의 식물들이 에너지를 얻어내는 광합성작용이다. 태양에너지는 유기물질을 생산해 낸다. 개별적인 원자가 중요한 것이다. 나노기술을 복제할 수 있는 사람은 항시 에너지를 만들어 낼 수 있는 것이다.

〈그림 4-1〉 **연꽃잎 효과** (Lotus-effect)

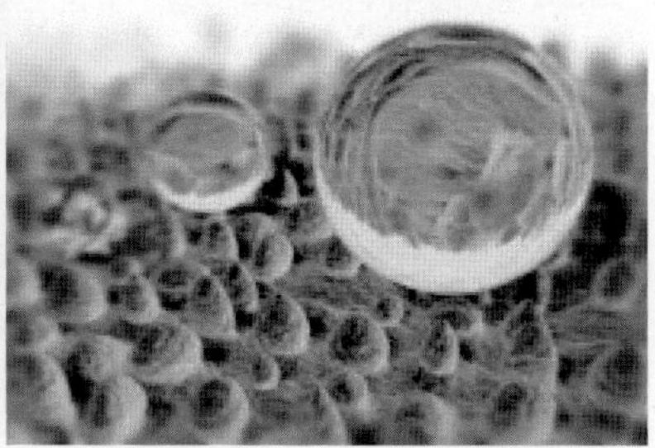

---

54) 이와 관련해서는 독일 Fraunhofer 연구소의 홈페이지를 참조 바람.
http://www.iese.fraunhofer.de.

◆ 천장위의 나노: 도마뱀붙이

도마뱀붙이는 모든 벽을 기어오르고, 머리를 밑으로 하고 천장을 기어 다닌다. 그리고 발 하나로 천장에 매달려 있을 수 있다. 이것도 바로 나노기술로 가능한 것이다. 도마뱀의 발은 달라붙는 미세한 털로 감싸고 있다. 이 털 속에서 소위 약한 반데르발스의 결합이 이루어진다. 이것은 수백만 개의 접착점이 이것을 가능케 한다. 이 약한 결합형태는 마치 테이프를 띠어내는 것처럼 '껍질 벗기'를 통해 빠르게 분리된다. 이러한 방법을 통해 도마뱀붙이는 천장을 따라 떨어지지 않고 돌아다니는 것이다. 재료공학자들은 합성적인 도마뱀붙이 효과에 엄청난 미래적 관심을 보이고 있다. 실제로 도마뱀붙이의 특성을 이용하여 차세대 접착제의 핵심기술인 초 접착력 탄소 나노튜브 카펫 개발에 박차를 가하고 있다. 이 나노튜브는 도마뱀붙이 발의 털보다 200배나 접착력이 강하다. 과학이 자연을 능가하고 있는 것이다.

2001년 설립된 나노기술 개발전문업체인 나노시스의 연구팀은 최근 미세한 털과 같은 수백만 개의 섬유를 표면에 붙일 수 있는 기술을 개발함으로써 나노모피를 제조했다. 이들 섬유는 벽에 가까이 접근하면 반데르발스 힘을 통해 벽에 스스로 달라붙는다. 카네기멜론대학교와 영국 맨체스터대학교의 연구원들도 이와 유사한 실험을 수행한 바 있다.

〈그림 4-2〉 도마뱀붙이의 발바닥에 숨겨진 나노의 비밀

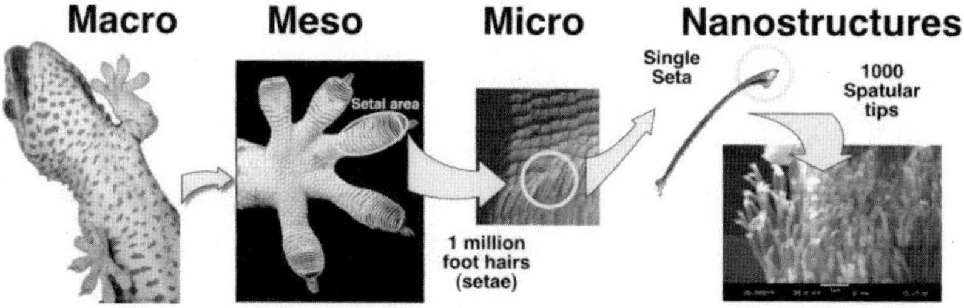

◆ 생명과 봉합기술

생명은 교묘한 나노기술의 접착기능을 이용하여 부분을 서로 접착시키면서 존재한다. 예를 들어 다쳤을 때 피가 흐르지만 시간이 지나면 멈추고, 상처는 아문다. 또한 모기가 물었을 때 그 부분이 빨갛게 변한다. 왜냐하면 미세혈관이 확장되고, 백혈구를 자극시키기 때문이다. 물린 곳의 세포는 유혹물질을 분비한다. 유혹물질의 농도에 따라서 미세혈관의 세포내장과 백혈구는 서로 규정한 접착분자를 실어 나른다. 이 접착분자는 세포벽을 따라 흐르는 백혈구의 흐름을 매우 살짝 접착시키면서 늦춘다. 유혹물질이 최고 상태에 이르면 백혈구는 응고되고, 여타 접착분자는 적혈구를 미세혈관을 통해 물린 곳으로 보낸다. 이것으로 응고와 접착의 과정이 완전히 끝나는 것이다. 나노기술 분야에서는 이것을 '명령에 따른 봉함(bonding on command)'이라는 이름하에 연구를 하고 있다. 이 외에 섭조개의 접착능력은 많은 관심을 불러일으킨다. 섭조개는 엄청난 파도에도 흔들리면서 바위에 붙어 있다. 조개는 더 많은 것을 제시하여 준다. 조개의 진주층은 깨지기 쉬운 산석의 형태로 된 수많은 미세한 석회 크리스탈의 형태를 갖고 있다. 조개의 산석은 나사형이며, 탄력이 높은 단백질과 서로서로 접합되어 있다.

◆ 나노우주 세계를 볼 수 있는 눈

인류는 세계를 변화시키고 발전시키기 위해 여러 가지 도구를 발명하였다. 인간을 여타 동물과 구별하는 능력 가운데 하나는 바로 이 발명의 능력이다. 이것은 우리가 이미 초등학교에서 배운 사실이다. 이러한 발명 가운데 가장 멋진 것은 바로 현미경의 발명이었다. 이 현미경은 세상에 대한 인간의 의식을 근본적으로 바꾸는 역할을 하였다. 인간은 처음으로 인간의 눈으로 볼 수 없는 세상을 알게 된 것이다. 식물과 동물을 정확히 분석하고, 박테리아를 알게 되고 그것의 행태를 연구할 수 있게 되면서 무엇보다도 생물학과 의학 분야에서 믿을 수 없는 정도의 발전을 이룩하였다. 현미경은 여전히 과학자, 의사 그리고 범죄수사자들이 사용하는 중요한 도구이다. 현미경은 작은 미시세계를 들여다볼 수 있는 길을 열었다. 이와 반대로 망원경은 먼 우주의 거대한 모습을 관찰할 수 있는 길을 열었다. 이 두 기계는 모두 광학 기계이다. 이 기기들은 겉모습이 다르지만 처음부터 내부를 관찰하는 데 응용되었다. 이 기기들의 작동형태를 간단한 보기로 설명해 보자. 우리가 극장에 있다고 생각하거나, 환등기를 생각해 보자. 이 두 경우 모두 넓은 영사막(스크린)에 큰 그림을 보여준다. 이 두 기계는 간단한 방법으로 그림을 크게 만들어 낸다. 영사기에 장착된 렌즈를 통해 슬라이드나 필름에 있는 작은 것을 크게 만들어 내는 것이다. 현미경의 경우에는 부가적으로 확대경을 부착시킨 것이다. 한번 상상을 해 보자. 만약에 영사막(스크린)에 비치는 그림을 자세히 보기 위하여 확대경을 갖고 영화관에 간다고 해 보자. 이러한 방법으로 더욱더 좋은 자세한 그림을 볼 수 있을까? 물론 아니다. 대부분의 영화광은 좋은 필름을 보기 위하여 맨 앞에 앉는 것이 좋지 않다는 것을 잘 알고 있다. 왜냐하면, 그림이 희미하고 가물가물한 모습을 하기 때문이다. 환등기로는 그림을 대단히 좋게 확대할 수 있다. 그러나 이 확대는 모든 부분을 섬세하게 보도록 하지는 못하고 불분명한 그림을 보여준다. 현미경의 질에 결정적인 것은 분석하는 물체의 작은 부분을 가시적인 것으로 만들어 내는 광학적 해상도이다. 가시적으로 만들기 위해 현미경은 분석하는 물체에서 나오는 빛을 포착해야 한다. 현미경의 대물렌즈를 표본(프레파레트)에 가까이 갖다 대야 한다. 그렇지만 매우 좋은 대물렌즈라도 그 한계점에 다다른다. 이것은 렌즈의 문제가 아니라, 바로 빛이 갖고 있는 파동적 특성이다. 빛은 입자와 파동의 두 특성을 갖고 있다. 파동이 장애를 받지 않으면 직선으로 달리는데 바로 이것이 빛이다. 별빛을 생각해 보자. 이 빛은 수천 년 동안 우리 눈에 들어올 때까지 직선으로 달려온 것이다. 우리가 빛의 진행을 방해하면, 그림자가 생긴다. 누군가가 별빛 앞에 서 있다고 해도 그를 인식할 수 있다. 그러나 우리는 물체를 그림자에서뿐만 아니라, 또한 물체가 빛을 어느 정도로 반사하는 것에서 인식할 수 있다. 그래서 햇빛이 비치지 않을 때 우리는 조명장치를 하는 것이다. 빛의 파동적 특성은 중요하다. 우리는 이것과 무엇을 하는가? 바닷가에서 직선의 긴 파도전면을 보면, 이 파도는 큰 물체, 섬, 다리의 기둥 또는 큰 배에 의해서 강하게 부서지는 것을 볼 수 있다. 그러나 단지 얇은 지팡이를 물속에 넣어보자. 큰 파도는 어떠한 인식을 할 수 없게 그냥 지나가 버리는 것을 볼 수 있다. 작은 물체로는 파도에서 어떠한 형체가 변하되지 않음을 볼 수 있다. 파도형태를 변화시키는 데 결정적인 것은 파도의 크기(파도 간의 간격)에 비해 물체의 크기가 결정적인 것이다. 수 미터의 큰 파도는 얇은 지팡이를 통해 큰 영향을 받지 않는다. 이러한 모습은 빛의 경우에도 똑 같다. 만약에 물체가 빛의 파동(광파)을 산란시키거나 혹은 그 방향을 굴절시키는 데 매우 작으면, 변화되지 않은 전구의 빛을 볼 수 있다. 어느 것도 빛의 길을 방해하지 않음을 확인할 수 있다. 이 말은 빛의 굴절 없이 우리는 어느 것도 볼 수 없다는 것을 의미하는 것이다. 빛의 굴절은 현미경에 그림이 생기도록 하는 핵심이다. 물체가 작아지면 질수록 아무리 좋은 대물렌즈라도 현미경의 기능을 높일 수 없다는 것이다. 그 대신에 파장이 작은 다른 빛을 이용해야 한다는 것이다. 자외선은 매우 짧은 파장을 갖고 있어서 사람이 볼 수 없다.

그래서 200nm의 해상도에서 현미경의 광학적 사상(寫象)은 결정적인 결론이 된다. 뢴트겐(Conrad Roentgen)이 100년 전에 발명한 X선은 새로운 연구의 장을 열었다. 1901년 뢴트겐은 이 공로로 노벨물리학상을 받았다. X선은 물질 내의 원자구조를 조사할 수 있는 길을 열었다. 왜냐하면 가시광선보다 1000배나 짧은 파장을 갖고 있기 때문이다. 바로 X선의 발견은 나노세계에 대한 우리의 지식을 엄청나게 확대시키는 길을 열어 주었다. 이와 연계되는 것이 바로 양자의 세계이다. 프랑스의 물리학자 루이 빅토르(Louis - Victor)는 박사논문에서 빠르게 움직이는 전자는 더 이상 양전하를 갖는 입자의 모습을 보이지 않고, 명백하게 파동의 특성을 나타냄을 가정하였다. 이 가정은 증명되었다. 모든 움직이는 전자는 특히 가볍고, 빨리 움직이는 입자는 빛과 X선의 특성, 즉 굴절과 간섭현상을 나타내는 것이다.[55] 슈뢰딩거(Schroedinger)는 이것에 기초하여 간섭이론을 발전시켰다. 이 이론은 X선을 이용한 광현미경의 개발을 이루어 냈다. 이것은 새로운 엄청난 발견을 가능케 한 양자이론의 길을 터놓은 것이다. 그러나 이 광현미경은 엄청난 물질적, 기술적으로 비싼 비용을 요구하였다. 1982년

---

55) 그는 이 이론으로 노벨물리학상을 받았다.

까지 이것은 계속되었다. 그러나 1982년에 새로운 전자현미경이 개발되었다. 바로 주사터널링 현미경(STM)이다. 이것은 미세한 전자파는 물체의 표면을 순회한다. 동시에 반사된 전자는 전자적으로 기록되고, 하나의 그림으로 조립된다. 이러한 방법을 통해 STM은 특정 지역의 해상도를 높이는 방법을 제공했다. 전자파의 주사선은 이에 상응하게 엄청나게 미세한 대상에 작은 족적을 만들 수 있다. 주사선의 제과정은 텔레비전의 브라운관의 기능과 원리적으로 같은 모습으로 작동을 한다. 전자파가 움직이는 그림을 전자적으로 분해하여 실어 나르고, 이것이 다시 주사관을 통해 다시 실제 그림으로 전환되는 방법과 동일한 것이다. 만약에 당신이 깜깜한 곳에 작은 전등을 갖고 여러 기계가 있는 곳에 서 있다고 가정하자. 그리고 지금 이 전체적인 모습을 구성하기 위하여 모든 것을 순서적으로 작은 전등으로 비추어야 한다. 그러면 STM은 그 물체의 점점을 미세한 전자파로 더듬어서 주사선으로 만들어 보낸다.

예를 들어, 실리움판 속으로 들어가 보자. 그 내부는 전자들이 엄청나게 분주하게 돌아다니는 모습을 한다. 그리고 원자의 배치가 뒤엉켜 있지만 동일한 형태로 유지되고 있음을 볼 수 있다. 또한 일정한 방향이 더 밝은 것을 볼 수 있다. 이것을 확대경으로 보도록 하자. 밝은 곳은 빛과 관계되고, 바로 광물질의 표면과 관계되는 것이다. 이 빛의 위를 돌아다녀 보면 엄청난 모습이 전개된다. 균일하게 파도치는 듯한 표면이 무한대의 모습을 할 것이다. 표면 위의 작은 파동은 실리움의 표면 위에 있는 원자배열을 통해 발생한다. 이것은 숲 속에서 균일한 형태를 갖는 이끼를 연상케 한다. 이 표면에서 보면 주사선 전자현미경의 바늘이 마치 거대한 곤도라처럼 달려 있는 것을 볼 수 있을 것이다. 이 바늘이 모든 것을 섬세하게 비추면서 정보를 전달한다.

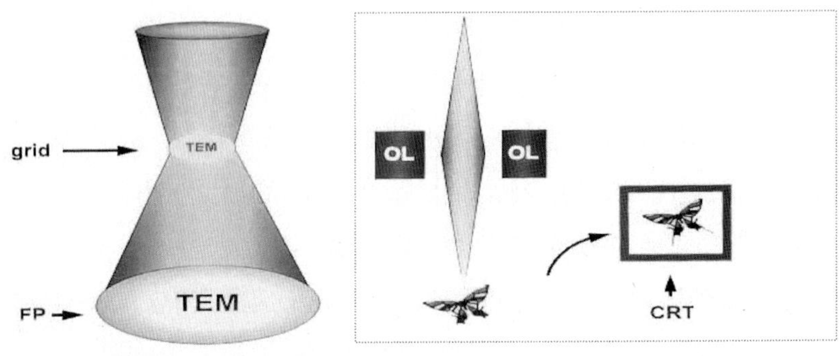

<그림 4-3> TEM과 SEM의 기본원리(좌측부터)

2. 나노연구의 응용 영역

발표 논문 수와 특허의 양으로 볼 때, 우리나라는 나노 영역에서 일정한 성과를 올리고 있지만 우세한 기술력을 개발하는 국가군에는 아직 속하지 못한다. 미국과 일본 그리고 독일은 논문 수가 제일 많은 국가군이다. 중국은 독일에 이어 4위에 올라 있다. 유럽에서 독일 뒤에 프랑스, 영국이 그 뒤를 따르고 있다. 우리나라는 국제적인 비교차원에서 볼 때 겨우 중간에 위치하고 있으며, 우리의 경쟁국가인 중국과 일본의 연구력에 미치지 못하는 상황이다.

특허의 순위에서 우리나라는 더욱 뒤쳐지는 모습을 한다. 현재 미국, 일본 그리고 독일로 나타나는 국제적인 차원의 서열은 확고부동하다. 중국은 아직 특허의 순위에서는 세계 톱 10에 들지 못하고 있다. 소위 기술선진국에서 나노기술 관련 특허 수는 급격히 증가하고 있다. 독일정부는 나노기술에 대한 투자와 연구를 증진시키기 위하여 1990

년대 초부터 교육 및 연구부(BMBF)를 통해 엄청난 재원을 투자하였으며, 2003년 1억 1천2백만 유로를 지원하였다. 1998년부터 나노기술을 지원하는 '나노능력개발센터'가 지역별로 설치되었으며, 2002년부터 나노 영역에 '차세대 과학자상'을 수여하고 있다. 독일 경제 및 노동부와 독일연구공동체(DFG)가 나노기술의 연구에 집중적인 투자를 선언하였다. 막스프랑크 연구소, 헬름 홀쯔(Helmholtz) 독일 연구센터 그리고 고트후리드 빌헬름 라이브니쯔(Gottfried Wilhelm Leibniz) 지식연구소가 나노기술의 개발을 위해 엄청난 재원을 투자하며, 2002년에 약 2억 유로를 투자하였다.56)

◆ 나노기술의 일반적 응용 영역

광학현미경을 통해 육안으로 볼 수 없는 재료와 소자의 유용한 특성을 이용하기 위해서는 이들의 특성을 나노차원에서 측정할 수 있는 나노 측정기술을 개발해야 한다. 나노기술의 개발을 위하여 이들 재료와 소자의 유용한 특성을 측정하는 것은 매우 중요하다. 이러한 유용한 특성에는 매우 높은 강도와 낮은 온도에서 나타나는 파단점,57) 점도성 그리고 고온에서의 초전도성, 표면구조의 높은 화학적 선택성(침투성), 매우 높은 표면에너지 용량 등이 속하며, 원자와 분자로 구성된 물질에 대한 통제된 구조형성을 통해 그 특성을 목적에 맞게 변형시킬 수 있다. 새로운 물질의 분자구조에 대한 이해는 기존의 전통적방법으로는 생산해 낼 수 없는 새로운 '논리회로'적인 특성을 갖는 소

---

56) 2001년에는 1억 5천만 유로를 투자하였다. 2002년 투자 규모는 EU차원에서 나노기술을 위해 책정한 공적인 재원의 절반을 독일에 투자토록한 것으로 평가된다.
57) 부서지는 물리적 한계점을 말한다.

재의 생산을 위한 방법과 관점을 열었다. 전체적으로 나노기술의 컨셉, 상품의 개발 정도 그리고 상품화와 관련한 아이디어는 매우 상이하다. 나노관련 기술을 응용하여 가능한 상품의 상용화는 현재보다는 미래에 우리의 삶을 좌우할 것이다. 일부 품목은 이미 상용화되는 단계에 있지만, 이러한 상품의 제작 방식은 여전히 하향식 방식에 의존하는 것이다. 상향식 방식에 의한 새로운 응용방식은 중장기적으로 기대되는 상황이다.

이러한 응용방식의 틀에서 나노기술은 표면의 기능화와 정제화 영역에서 이미 괄목할 만한 연구 성과를 올리고 있다. 부분적으로 이미 산업에서는 역학적 특성과 마찰적 특성을 개선시킨 나노 다층구조와 나노 결합구조를 응용하고 있다. 또 다른 예로, 물을 배척하는 소수성(疏水性)과 기름을 좋아하는 친유성(親油性)을 동시에 갖는 소위 '자아정제'[58] 표면이 있다. 이것은 이미 안경알의 무반사 처리, 선글라스, 자동차, 태양열 집적회로 소자 등에 사용되고 있다. 또한 전통적인 색료에 나노입자를 집어넣어 새롭게 개선된 나노컬러 효과를 내고 있다. 색깔을 변화시키는 나노분자의 응용은 현재 많은 영역에서 관심을 불러일으키고 있다.

예를 들면, 촉매와 소재합성은 그 응용이 매우 두드러진 분야이다.

---

58) 연꽃잎 효과로 불리는 자연의 현상이다. 이것에는 나노기술이 녹아 있다. 금련화로 불리는 연꽃은 항시 잎을 깨끗이 유지하고 있다. 이슬이나 빗방울이 잎의 표면에서 떨어져 나가면서 먼지를 쉽게 씻어내는 것이다. 그 이유는 연꽃잎의 나노구조에 있다. 이 구조는 물을 빠른 속도로 흘어져 내리게 한다. 동시에 더러운 물질을 씻어 내리게 한다. 독일 본 대학의 Barthlott 교수가 연구한 바로 이 연꽃잎 효과는 물이 이물질을 씻어 내리도록 하는 얼굴화장품에 이용되고 있다. 만약에 화장실 같은 위생시설에 활용되는 도자기에 이 연꽃잎 효과의 방법이 접목되면 효과적일 것이다. 식물의 잎에는 더 많은 나노기술이 녹아 있다.

화학산업은 촉매작용을 하는 나노입자를 이미 도입하여 사용하고 있다. 나노 영역은 완전히 새로운 재료를 촉매제(예를 들어, 금 나노분자)로 사용하는 방법을 열어 주었다. 또한 원자를 조작하여 나노차원의 공간 배열구조를 통제할 수 있는 새로운 방법을 가능토록 하였다. 소위 '초분자적인 주인과 손님의 구조'를 통해서 새로운 합성방법이 유기화학 분야에서 가능케 되었다. 이를 이용하여 촉매제의 부분적 선택성과 특정한 선택성을 높일 수 있다. 표면을 활성화시키는 막, 나노기공이 있는 바이오 필터 그리고 흡수재료는 나노기술의 차원에서 하수정화, 유독성 물질의 제거 그리고 부산물의 분리처리를 더욱 높일 수 있는 장점을 갖는다. 현재 활용되는 촉매제는 나노기술의 개선을 통해 새로운 특성을 발휘할 수 있다. 나노크기의 운반물질에 촉매분자를 부착시켜서 성장시키는 방법을 이용하여 촉매제의 특성을 현시적으로 조작하고 통제할 수 있는 것이다. 이에 따라 앞으로는 이질적인 촉매를 이용하여 원하는 형태로 반응시킬 수 있는 것이다. 분자 각인(Molecular Imprinting)방법[59]을 통해 선택성이 매우 높은 특수한 중합체의 제조가 가능해지고 있다. 동시에 미생물을 모방한 효소를 이용하여 촉매제를 얻어낼 수 있다. 이것은 일반 효소와 달리 매우 다른 반응의 조건에서도 투입이 가능한 것으로 제시되고 있다.

청정에너지와 관련한 논쟁과 관련하여 나노기술은 에너지 저장기술 분야에서 큰 관심을 불러일으키고 있다. 나노기술을 접목시켜서 에너지 전환의 효율을 높일 수 있다. 동시에 소재를 개선시킬 수 있다. 예를 들어, 수소로 작동하는 내연기관[60]과 광합성전지(photovoltaik)[61]

---

59) 도장을 찍어서 어떠한 것을 구별하듯이, 분자에 특정한 정보를 각인시키는 고도의 기술이다.
60) 연료전지기관이라고 불린다. 수소와 산소(공기속의 산소)가 불꽃이 없는 상태로 반응토록 하면서 높은 효율이 있는 전자에너지를 끌어낸다. 수소

에 나노기술을 접목시켜서 완전히 새로운 에너지 생산방식을 만들어
낼 수 있는 것이다. 이 기술개선에서 중요한 점은 에너지의 손실이 낮
은 에너지의 축적방법이다. 동시에 수소의 효과적인 저장이다. 결론적
으로 마이크로구조화와 나노구조화의 방법을 통해 다량의 수소를 화
학적으로 저장하여 에너지화의 효율을 높일 수 있다는 것이다. 그래서
탄소로 이루어진 나노튜브에 수소를 저장하는 방법과 여타 유도체 방
법이 큰 관심을 불러일으킨다.

나노소재는 배터리, 소형 축전지와 전자화학적 콘덴서의 효율을 높
이는 데 사용될 수 있다. 뿐만 아니라 슈퍼콘덴서와 배터리의 결합은
동력장치와 관련하여 높은 효용을 제시하고 있다. 예를 들어, 자동차
의 에너지를 다시 저장토록 하며, 전기송전 시 발생하는 높은 에너지
손실을 줄일 수 있는 나노차원의 초전도적인 전선에 대한 응용은 큰
관심을 갖게 한다. 또한 주택의 실내온도를 자동으로 조절할 수 있는
나노튜브의 응용에 관한 희망 역시 건설업체의 큰 관심을 받는다.

나노미터의 크기에서 나타나는 물질의 광물적인 특성(강도, 내구성
등)은 특화된 구조의 크기를 도입하여 특정한 형태로 개선할 수 있기
때문이다. 나노크리스탈적인 소재의 다양한 구조응용은 나노분자를 세
라믹,[62] 금속 또는 중합체 매트릭스(Polymer-Matrix)에 뿌려서 얻
어낼 수 있다. 예를 들어, 나노분자를 금속 속으로 끌어들임으로써 그
금속의 운동적 속성을 개선시킬 수 있고, 동시에 경량건축에 크게 이
바지할 수 있다. 나노분자와 유사한 중합체(Polymer)는 유기체적인
중합체와 무기물적인 세라믹 간에 위치하는 중간재적인 특성을 갖는

를 이용하여 내연기관을 움직이도록 하는 시스템으로, 현재의 석유 같은
화석연료를 대체하는 미래의 시스템이다.
61) 자세한 설명은 4장 후반부의 광합성전지(photovoltaik) 부분을 참조 바람.
62) 도자기, 절연체 같은 물질을 표현하는 공학적 표현.

다. 이러한 형태를 최적화하는 나노소재의 도입가능성은 경량주택의 건설이나 고온을 사용하는 세라믹기술 영역에서 더욱더 확대되고 있다. 또한 화학물질을 담는 용기(用器) 또는 합성수지를 이용한 섬유의 대량제조에도 이러한 기술을 활용할 수 있다. 또한 지금까지 유연성이 없는 소재로만 알려져 있는 세라믹을 나노소자를 이용하여 변형시킬 수 있는 것이다. 이미 다양한 형태로 그 응용의 이노베이션이 이루어지고 있다. 건축자재의 생산에 나노 보조소자를 첨가하여 부식을 방지하고, 마모에 대한 저항을 높일 수 있다.

의약품과 일상생활용품 영역에서 온도에 따라 색깔이 바뀌는 상업적인 표식(온도에 따른 표식: Thermolabels) 역시 나노기술을 응용할 수 있는 영역이다. 남아 있는 열을 재는 마이크로스코프를 이용하여 온도의 분산과 분포를 전자적으로 분명하게 측정할 수 있다. 여러 산화물을 나노 크리스탈적인 형태에서 화학적 센서에 적용하는 방법(예를 들어, 혈당량 측정)이 개발되고 있으며, 생물학적 센서의 보기는 랩 온 칩(Lab-on-Chip)시스템[63]이다.

이와 같은 생물학적인 센서 외에 정보처리와 정보전달의 영역에서 나노기술은 시장을 형성할 수 있다. 중요한 응용 영역은 전자적이며 광학적인 소재와 밀접히 연결되어 있다. 새로운 기술의 개발과 접목은 상품의 안전을 위한 소위 '한번 쓰고 버릴 수 있는 일회용 전자 부품'[64]에서 인텔리전트 빌딩과 주택, 입는 전자 옷 같은 IT기술을 일상 영역으로 접목시키고 더불어 물리공간과 디지털 전자공간의 결합

---

63) 세포의 다양한 메커니즘을 나노기술 등으로 동일하게 처리토록 하는 복합 칩의 최종단계를 표현한 개념이다. 세포 하나와 같은 형태로 시스템을 만들어 모든 것을 가능케 하는 것이다.
64) 유비쿼터스에서 필수적인 RFID나 현재 활용되는 바코드 같은 것을 총칭하는 개념이다.

을 강력히 요구하는 '유비쿼터스 영역'으로까지 확대되고 있다. 나노기술의 이용은 제조기술 분야에 새로운 충격을 주고 있으며, 새로운 값싸고 명확한 공정을 제시하고 있다. 현재 지배적인 CMOS 기술을 지배하는 논리회로와 저장방식을 가능케 한 분자크기와 용량의 질서는 이제 나노미터 차원(양자점, 탄소나노 튜브)으로 점점 더 빠르게 이동되고 있다. 광학적 크리스탈은 앞으로 빛을 이용한 정보처리를 가능케 하는 포토닉(Photonik)의 기초기술로서 간주되는 광학적 회로에 접목될 가능성이 매우 높다. 나노기술 덕택에 '분자단위의 전자공학'[65]은 원자단위에서 전자적 특성을 배가시키는 기술개발의 가능성을 높이고 있다. 이러한 새로운 개념과 관점은 무엇보다도 작지만 빠르고, 다른 측면에서 효과적인 재료를 만들어 내는 양자효과에 토대하고 있다. 장기적인 관점에서 IT기술 영역에 접목되는 나노기술의 이용은 새로운 회로설계를 가능케 한다. 바로 생물학적 연산개념에 기초한 'DNA-컴퓨팅'[66]이다.

소위 말하는 IT+BT+NT의 결합이라는 새로운 패러다임을 끌어내는 것이다. 의학과 생명공학 분야에서는 나노기술의 접목을 통해 의학적 진단과 치료법을 개선하고, 사람의 신체적인 능력을 향상시키며, 식물과 동물에서는 수확을 증대시키는 등의 미래를 기대할 수 있다. 예상되는 응용은 무엇보다도 호르몬, 효소 같은 '체내 생성 물질'의 나노기술적 생산과 특정한 부위에 정확히 작용토록 체내 생성 물질의 전달 그리고 생물학적으로 기능적인 물질의 생산을 분석하고 진단하

---

65) 5반도체 같은 기존 물질의 특성 위에서 전기의 특성을 연구해 온 전자공학을 표현하는 개념이다.
66) 상세한 논의는 4장 후반부의 'DNA 컴퓨팅'파트를 참고 바람. 또한 독일 Fraunhofer 연구소의 홈페이지를 참조 바람.
http://www.iese.fraunhofer.de.

는 것에서 찾아볼 수 있다. 예를 들어, 체내 생성 물질의 진단과 처방을 위한 새로운 가능성은 잠재적으로 환자가 자가진단을 하는 데 적합한 랩 온 칩 시스템을 개발시켰다. 나노기술의 잠재적인 응용은 의학적으로 효과적인 물질을 정확히 통제하여 원하는 곳으로 이동시키는 데 있다. 종양진단과 종양의 제거를 다루는 치료학 분야에서, 이것은 더욱 효과적인 것으로 간주되고 있다. 조직 이식과 보다 생물학적으로 고차원적인 의료기기의 개발과 연계된 나노기술은 상대적으로 폭넓게 발전되고 있음을 볼 수 있다. 의료기기와 연계된 나노기술의 응용은 생물학적 특성을 이용하는 모습을 보여주고 있다. 또한 최근 식품 분야와 관련해서 나노기술로 생산된 포장과 염료 그리고 부가물질에 큰 관심이 모아지고 있다. 앞으로 나노기술은 '기능식품'의 효능 분석과 제조에서 중요한 역할을 할 것으로 예상된다. 자외선을 방지하는 선크림 같은 화장품 영역에서 나노입자는 이미 활용되고 있다.

이러한 일상용품 외에 군사적인 목적의 결합은 거대한 응용시장을 만들어 내고 있다. 군용장비와 나노기술의 접목은 개선된 장비의 제공, 이노베이션적인 재료 그리고 새로운 응용의 길을 제시하고 있다. 군대의 육상이동수단과 비행기는 기존의 구조재료보다 더욱 단단하고 가벼운 소재로 대체되고 있다. 소재적인 차원에서 장갑차와 군용자동차의 환경에 따른 지능적인 색채변형(위장색)이라는 전략적인 활용에 이용되고 있다. 군사적인 이동시스템을 운용하는 데 미치는 나노기술의 영향은 에너지의 저장과 전환에서 보다 더 그 활용이 기대된다. 예를 들어, 효율적인 태양열 전지판, 적합한 필터막 그리고 동력장치의 시동을 위한 촉매와 강력한 배터리 등을 들 수 있다. 나노크기의 전자기적 특성과 센서적 특성 그리고 전자기학적인 구성성분은 자동차의 통제와 제어를 보다 효율적이 되도록 한다. 항공, 해양 그리고 우주 영역에서 요구되는 자동화 시스템의 추세는 이러한 기술의 응용을 더 강화시킨다.

동시에 군사 영역에서는 나노에 기초한 센서기술의 응용을 확대할 수 있는 다양한 방안을 모색하고 있다. 총포류와 탄약 분야에서 나노기술은 직접적으로 총포에 부착되는 센서의 능력과 저장용량의 증대에 영향을 줄 수 있으며, 화약성능의 개선에 결정적인 영향을 미칠 수 있다. 나노기술적인 개발은 개개인의 전투수행 능력의 신장이라는 차원에서 결정적인 영향을 미치며 군인 각자를 하나의 시스템으로 작동하도록 요구한다. 나노기술은 군장비의 무게를 경량화시키면서, 동시에 부가적인 기능성을 높이는 데 결정적으로 기여할 것으로 예상된다.

◆ 특정한 산업 영역과 나노기술의 응용

나노기술의 잠재적 이용가능성은 모든 분야를 망라하고 있다 하여도 지나친 말이 아니다. 특히 하이테크 분야가 아니라 하이테크가 요구되지 않은 소위 '낮은 기술(Low tech)' 영역에 오히려 더 적합한 모습을 한다. 아래에서 설명되는 여섯 가지 산업 영역, 즉 자동차 산업, 항공우주 산업, 건설 산업, 섬유 산업, 에너지 산업 그리고 화학 산업은 나노기술이 응용될 수 있는 중요한 산업 부분이다.

미래의 자동차 산업에 나노기술의 응용은 국제적인 경쟁력을 갖도록 하는 데 가장 우선적으로 촉구되는 핵심적인 산업능력이다. 자동차 산업에서 이루어지는 나노기술적인 이노베이션의 스펙트럼은 구체적인 개발전략에서 장기적인 실현성의 관점에까지 이르며, 부분적으로는 생산에 영향을 주는 근본적 변화를 요구한다. 또한 여러 산업 분야에 미치는 소위 '연결효과(spin-off-effect)'가 기대된다. 나노기술의 발전은 모든 하부구조, 즉 자동차 산업의 모든 요인에 결정적 역할을 하게 된다. 예를 들면, 다음과 같다.

- 나노분자를 자동차 타이어의 생산에 응용함: 이미 실용화되고 있으며, 더욱더 발전하고 있음.
- 나노분자를 강화시키는 중합체와 금속의 결합: 개발단계에 있지만, 부분적으로 실현되고 있음.
- 나노기술적으로 조작된 접착제 기술: 개발이 진행되고 있음.
- 자동차 산업 부품의 부가물로서 촉매적인 나노분자: 연구진행 중임.
- 나노 영역에서 분자방출의 최소화를 위한 나노구멍의 필터화: 미래의 연구사항임.

▶ 탄소나노튜브를 활용한 전기자동차용 2차 전지
탄소나노튜브속에 수소, 리튬 등을 저장하여 2차 전지 및 연료전지에 응용하여 전기 자동차에 사용가능하다. 이렇게 만들어진 2차 전지는 고용량이며, 매우 긴 수명을 갖게 된다.

항공우주산업 분야에서 나노기술의 응용은 중장기적으로 다양한 모습을 보인다. 무엇보다도 우주선의 개발과 관련해서 이러한 응용의 가능성은 매우 다양하다. 한편 각 구성 부분에 대한 기술적인 효율성에 대한 촉구는 항상 극단적으로 높다. 즉 수요가 적은 반면에 엄청난 재원이 요구되면서 그 경제적인 활용은 낮은 것이다. 중요한 응용기술은 가벼운 소재를 이용하여 무게를 경량화시키고, 에너지 소비를 최소화시키는 구조소재에 놓여 있다. 나노기술은 우주선과 지구의 기지국 간의 정보통신기술, 우주비행사의 건강을 체크하는 센서기술 그리고 열량의 통제 등 다양한 분야에 응용될 수 있다.

▶ **단열소재로 쓰이는 에어로 겔**(aero gel)
에어로겔은 1,000도의 불꽃에서도 우수한 단열효과를 보여주는 첨단 소재인데, 최근 나노 가공기술이 적용되면서 제조공정이 획기적으로 개선되었다. 실제로 2006년 우주선 '스타더스트호'가 인류 역사상 혜성과 가장 가까이 접근해 혜성으로부터 흘러나온 우주 물질들을 에어로겔로 채집했다(우측 그림).

건설업은 나노기술의 개발을 응용할 수 있는 산업 분야이다. 나노실리카는 고성능 시멘트를 만들어 내는 부가적 재료로 사용되고, 시멘트 기둥과 철근 사이의 접착성을 개선시키는 데 기여할 수 있다. 건물의 단열처리, 외장 벽 처리, 내장 벽의 처리 등에 다양한 응용이 기대된다.

▶ 나노기술이 접목된 건축 마감재 및 시공모습
  항균, 탈취용 기능성 건축 마감재(좌측 그림)와 실제 시공모습(우측그림).

한편, 섬유산업에서는 새로운 기능섬유를 통해 경쟁력을 회복하기 위한 연구개발에 집중하고 있다. 구김 없는 옷, 통풍성이 높은 옷, 마모가 적은 옷, 때가 타지 않는 옷, 물에 젖지 않는 옷, 정전기가 없는 옷, 작용물질이 있는 옷, 방화용 옷에 유용도가 높다.

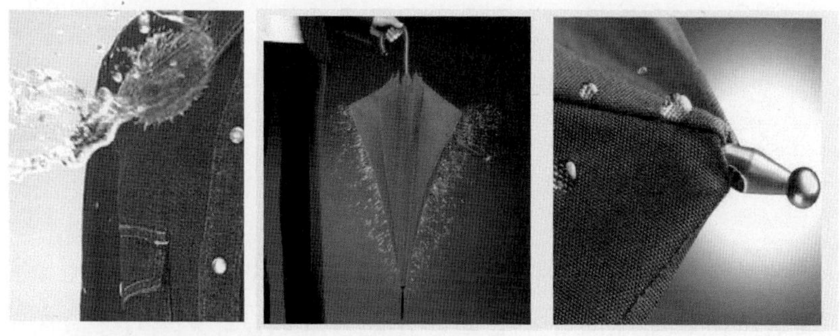

▶ 투습방수소재로 활용되는 나노기술
  유체마찰계수를 최소화하여 강력한 방수효과를 가지는 나노기술이 의류와 우산 등에 활용되고 있다.

나노기술의 발전과 관련해서 에너지산업 영역에서 크게 기대되는 응용은 미래의 에너지 생산과 에너지 제공(분배와 저장)이라 볼 수 있다. 태양전지판과 에너지 저장 그리고 동력장치와 관련하여 나노기술은 혁명적인 변화를 가져올 것으로 본다. 이 외에 나노기술을 활용하여 현재 열효율이 매우 낮은 중앙난방식 시스템을 개선할 수 있다는 연구가 보고되었다. 이러한 방식을 실현하는 것과 관련하여 큰 논쟁이 이루어지고 있다. 매우 중요한 분야이면서도, 연구가 진척되지 않는 미래산업의 핵심이다.

▶ 티타늄산화물 나노튜브를 활용한 고효율 태양열전지
매우 잘 정렬된 나노튜브 어레이는 태양열 전지에 응용되었을 때에 매우 우수한 성질을 보인다(우측그림). 이를 활용한 고효율 태양전지는 기존의 투명한 실리콘 태양전지와 비교되는 나노기술을 이용한 고효율 박막(thin-film) 태양전지로써 기존의 것보다 설비의 비용과 태양광을 전력으로 변환하는 효율에 있어서 월등하다고 평가받고 있다(우측그림).

화학산업은 나노기술의 발전과 밀접히 연결되어 있다. 화학산업은 중요한 기본소재 공급자이며, 다른 한편 나노기술의 기술과정을 이노베이션시키는 이용자가 될 것이다. 나노기술에서 기대되는 것은 화학산업이 새로운 이노베이션의 동력을 창출시킬 것이라는 주장이다. 오늘날 나노기술에 속하는 수많은 화학제품은 이미 10여 년 전부터 생산되고 있다. 잠재적인 시장의 경제성과 밀접히 관련된 새로운 나노화학제품들이 여러 영역에서 두드러지게 나타나고 있다. 나노기술의 주요 응용 분야는 촉매제, 첨가소재의 생산, 염료, 도료, 용접재료, 마이크로기술, 필터막, 의약품과 화장품 영역을 제시할 수 있다.

▶ 화학 산업에서 활용되고 있는 제품군들
나노파티클이 함유된 자동차용 광택제 및 폴리쉬 제품(좌측그림)과 미용용 마스크(우측그림).

5장

정보통신
기술 영역에서의 응용

정보통신기술은 빠른 이노베이션 속도를 갖고 지속적인 성장을 도모하는 경제 분야가 되고 있다. 한국은 지난 10년 동안 구조조정을 통해 경제구조를 바꾸어 왔는데, 새로운 정보통신기술 분야에서는 세계적인 기술력을 자랑하며, 특히 새로운 세기의 도전을 수용하고 이를 통해 성장잠재력을 키울 수 있는 힘을 축적하였다. 이러한 경제환경과 기술환경은 나노기술과의 접목을 가속시키는 전제조건이 된다. 이러한 나노기술과의 접목은 한계점에 다다른 마이크로전자공학의 '집적화'를 벗어나 나노기술을 '확대방식 나노기술'[67]로 응용토록 요구한다. 현재 '확대방식 나노기술'은 폭넓은 기초연구의 대상이 되고 있다. 나노기술적 컨셉과 방법은 전자산업의 성장 속도를 높이고 중장기적 관점에서 볼 때 산업의 지속성을 확대시키면서 전자산업의 미래를 보장할 것이다.

새로운 논리회로 기술과 집적기술은 나노기술과 불가분의 관계로 발전하면서, 나노기술을 새로운 핵심기술로 명명토록 한다. 그래서 바로 가까운 장래에 '마그네틱 RAM'과 '공진터널효과(Resonanz Tunnel Element)'[68]가 논리회로의 구조에 접목될 것이다. 중간적인 연구 성

---

67) 필자는 이러한 기술의 특성을 쉽게 설명하기 위해 '난쟁이 제국화 기술' 방식으로 개념화한다. 작지만 힘이 더 커지는 모습을 설명하는 모습을 보여주기 때문이다.

68) 이것은 Resonanz-Tunnel-Dioden(RFD) 또는 Resonanz-Tunnel-Transistoren (RTT)를 만들어 내는 소재이다. 이 두 트랜지스터는 기조의 고체반도체 소재와 양자효과 소재를 잇는 중요한 다리가 된다. 이 Resonanz-Tunnel-Elements(RTE)는 실내온도에 작용하기 때문에 기장 안정된 나노크기의 전자소재이다. 소위 De-Broglie 파장의 소재가 갖는 구조크기에 근접하면 전자는 입자의 모습을 하지 않고 파동의 모습을 한다. 파동간섭 또는 굴(tunnel)의 특성이 나타난다. 터널(tunnel)의 경우 특정한 확률을 갖는 전자가 전하 없는 단층을 횡단한다. RTE는 단지 미세한 전하를 실어 나르기 때문에, 작은 전력을 갖고 빠른 회로시간(350GHZ까지)을 갖는다. 그래서 고체반도체 기술의 물리적 경계를 넘어 무어의 법칙이 확장되도록 한다.

과로 간주되는 방법은 RSFQ 트랜지스터(한 개의 전자로 이루어진 트랜지스터)[69]이다. 탄소나노 튜브나 유기체적인 마이크로 분자에 기초한 분자전자공학은 연구가 이제 시작되었다. 전체적으로 논의되는 것은 산업적인 기술발전의 기초연구를 촉진하고 이것을 잘 활용토록 하는 것이다. CMOS(Complementary Metal Oxide Semiconductor) 기술처럼 에너지를 축적하는 집적기술은 일정 정도 시간이 걸릴 것으로 예상된다. CMOS 기술은 잘 알려진 마이크로전자공학의 연장선에 있으며 새로운 생산기법으로 개발되었다.[70]

정보통신기술에 나노기술이 접목되면서 가져온 시장변화는 두 가지 단계로 끌어낼 수 있다. 우선 첫 번째는 '하향식에 의한 단소경박화'의 물결과 함께하면서 기존의 마이크로구조를 나노기술의 영역으로 끌어들이는 것이다. 장기적으로 '상향방식의 나노기술'과 '나노시스템의 기술'로 나아갈 것이다. 모든 것이 나노기술로 대체되고 소위 회로와 시스템의 설계를 스스로 하는 '자기조립의 과정'이 가능해지는 것이다. 그러나 나노기술을 이용한 시스템설계방식은 미래의 정보통신기술의 발전을 주도할 것으로 예상되지만, 그 기술의 실현은 많은 시간을 요할 것으로 보고 있다. 'DNA와 양자 컴퓨팅'의 개념으로 설명할 수 있는 이러한 연구는 이제 기초연구 단계에 있다. 현재 실험적인 형태로 이와 관련한 기초연구가 수행되고 있다. 이 연구는 장기적 관점에서 지속적으로 수행되는 연구주제이다. 현재 이론적으로 컴퓨터의 연산능

---

69) Single Electron Transistors(SETs)는 이미 여러 가지 방법으로 집중적으로 연구가 이루어지는 트랜지스터의 최종 설계 컨셉이다. 이것은 양자역학 원리에 근거하고 있다. SETs에서는 하나의 양자만이 회로과정에 필요하기 때문에 작은 양의 전기가 소요된다. RSFQ는 회로속도가 100GHZ 이상이고, 에너지 손실이 1μw보다 작게 만드는 기술이다. 기본적으로 RSFQ회로는 Therahertz 범위까지 적용될 수 있다.

70) Paschen, H 외, Nanotechnologie 2004, p.165 참조.

력을 획기적으로 높이는 기술적 가능성이 제시되었다. 이 외에 DNA 컴퓨팅은 생화학적인 연결점이 필요한 곳에서 큰 의미를 갖으며, 그 의미는 더욱더 중요해질 것으로 보고 있다. 양자 컴퓨팅은 현재 효과적인 알고리즘이 없는 '특수 분야의 문제' 해결에 긴요하게 활용될 것으로 보인다. 예측할 수 없는 산업적 특성으로 인해 양자 컴퓨팅의 개발은 전통적으로 기초연구를 해 온 기업들이 추진하고 있다.[71] 현재 우리나라에서는 이러한 연구를 추진하는 기업이 없다. 무엇보다도 양자암호가 군용통신에 이용되도록 개발되고 있기 때문에 한국이 이 분야를 연구하지 않으면, 정보통신 기술의 영역에서 차지하고 있는 현재의 위상을 쉽게 잃어버릴 수 있다.

위에서 논한 새로운 기술이 적용된 컴퓨터의 값은 워낙 비싸기 때문에 현재 집과 사무실에서 사용되는 컴퓨터를 대체할 수는 없다. 그러나 중요한 것은 DNA 컴퓨터와 양자 컴퓨터가 자체의 장점으로 인해 활용될 수 있는 여러 영역을 제시한다는 것이다. 이것이 미래의 핵심기술로 간주될 수 있느냐의 여부는 현재 답변될 수 없다. 그러나 확실한 것은 나노전자 소재의 발달은 기존의 회로설계구조 방식을 혁명적으로 변화시킬 수 있다는 것이다. 가장 중요한 정보통신 영역에서의 이노베이션은 현재의 정보통신시스템의 응용패러다임을 근본적으로 변화시키는 '유비쿼터스 컴퓨팅'이다. 이러한 새로운 기술응용의 비전은 나노기술의 뒷받침이 없이는 불가능하다. 인간과 사물/기계 간의 봉합선이 없는 네트워크화는 광전자학(opto-elektronik)의 발전을 통해 성능을 높이고, 값싼 형태로 대량생산이 이루어지면서 가능해진다. 나노기술은 새로운 센서의 설계, 미세 극소화 그리고 값싸고 다양한

---

71) IBM, Hewlett-Packard, Lucent-Technology(Bell. Lab)에서 이러한 연구를 추진하고 있다.

기능을 갖는 칩의 대량생산을 뒷받침하면서 유비쿼터스 커뮤니케이션의 핵심이 될 수 있다. 다양한 기술의 응용이 이루어질 수 있는 곳이 바로 유비쿼터스 영역이다. 나노기술은 기술하부구조의 변화에 따라 사회의 기능이 어떻게 달라지는지를 극명하게 보여준다.

1. 정보통신기술과 관련된 나노기술의 응용

정보통신기술은 미래의 기술 발전을 좌우하는 영역이며 경제구조를 변화시키는 핵심 기술로 그 의미가 날로 커지고 있다. 나노기술은 정보통신 기술에 접목되면서 현재의 정보통신 제품을 혁명적으로 변화시키고 있다. 혁명적인 변화를 의식하지는 못하지만 이미 소비자는 나노기술에 속하는 GMR(거대자기저항, Giant Magneto-Resistance) 탐독기가 장착된 컴퓨터 하드디스크를 이용한다.

정보통신기술에서의 진보는 새로운 형태의 전자적, 광학적 그리고 광전자적인 소재의 이용가능성에 기초하고 있다. 이러한 소재의 이용을 통하여 점점 더 복합적인 응용기술을 촉구하는 능력이 배가되고 새로운 요소의 개발을 촉진하는 복합적인 시스템해결책을 제시할 수 있다. 여기서 더욱 중요한 비전은 유비쿼터스 컴퓨팅과의 결합이다. 이것은 인간과 기계의 포괄적인 네트워크를 통해 어느 곳에서라도 정보에 접근할 수 있는 형태로 공간과 시간을 동시적으로 결합하는 컴퓨터 커뮤니케이션 형태이다. 새로운 소재 외에 무엇보다도 미세하고 기능적이고 그리고 저렴한 센서와 (컴퓨터)프로세서는 초소형화되고, 자연발생적인 형태로 서로 커뮤니케이션하도록 하는 컴퓨터를 흔하게 만들어 내면서 일상생활에 소위 '스마트 물체(smart objects)'가 녹아들도록 한다. 이러한 기술의 발전은 '모바일 사무실', '지능적인 아파트', '입는 컴퓨터', '지속적인 안녕과 건강유지' 개념으로 표현되는 매혹적인 새로운 응용 분야를 제시한다.

이 외에 매우 정밀하고 세밀한 정보기술이 요구되는 바이오정보학과 암호문서의 발전을 이야기할 수 있다. DNA 컴퓨터로 불리는 이러한 새로운 활용 분야는 완전히 새로운 시스템구조를 요구한다.[72] 이러한 발전은 지금까지 분리된 영역 간 인터페이스에 새로운 응용의 가능성을 열어준다. 이러한 비전을 실현시키는데 나노기술에 속하는 기술의 발전은 매우 중요한 역할을 한다. 새롭고, 다양한 소재구조의 컨셉을 위해 나노기술의 방식을 현재의 기술에 접목시키고 이식하는 것은 포기할 수 없는 전제조건이다. 몇 가지 새로운 시스템구조는 나노기술의 접근방법을 현실화하도록 한다. 나노기술의 발전을 활용할 수 있는 중요한 응용의 관점은 수평적인 잠재적 접목을 가능하게 하는 '태양에너지 기술, 기계설비 기술, 우주항공, 의학, 마이크로 시스템 기술, 생화학적인 프로세서 기술'과 수직적 가치를 생산하는 '데이터 처리 기술, 텔레커뮤니케이션 그리고 멀티미디어'에 놓여 있다. 정보처리, 정보전달, 정보저장 그리고 정보표현과 관련한 구조소재와 시스템에 영향을 미칠 수 있는 나노기술은 21세기 연구정책의 핵심이 됨을 여러 국가의 과학기술정책에서 엿볼 수 있다.

◆ 전통적인 반도체 기술과 하향식 나노기술

정보통신 기술의 토대로서 마이크로 전자공학은 100나노 단위의 미세크기로 구조화하는 연구를 오랫동안 수행하여 왔다. 이 마이크로 전

---

72) Kolo et al. 1999 참조.

자공학은 일정한 기간 동안 축소지향의 소형화라는 산업적 트랜드의 동력이 되었다. 이와 연결된 고전적 방법은 마이크로에서 나노로 변화되는 혁명적 전환기에서 반도체의 지속적인 소형화와 계산능력 및 저장능력의 급격한 향상을 도모하였다. 이를 통해 정보통신산업의 제품과 제조방식을 크게 발전시켰다.

전통적인 마이크로 기술과 연계된 기술, 제조 방식 그리고 구성소재를 어떻게 나노기술로 분류해 넣을 수 있는지에 대한 논의는 학자들 간에도 아직까지 해결되지 않았다. 이러한 기술의 발전과 분류는 나노기술의 지속적인 발전에 중요한 기초를 제공한다. 예를 들어 반도체와 관련한 전통적인 기술의 축적과 이와 관련한 기술의 응용은 나노기술의 활용에 필수적이기 때문이다.

1965년에 제시된 집적회로의 발전과 관련한 '무어의 법칙'은 18개월마다 집적회로의 기능이 배가된다는 것을 제시하였다. 이 법칙은 지금까지 불변의 이론적 특성으로서 인정받았다. 그러나 나노기술의 발달과 활용의 수평적 특성은 이러한 법칙을 이제는 재고토록 한다. 왜냐하면 현재의 물리적이고 기술적인 한계상황이 변화되고 있기 때문이다. 이 법칙은 반도체 분야에서 유효한 개념이었지만 이제는 지배적인 패러다임이 아니다. 왜냐하면 초소형화와 관련한 물리법칙이 한계에 도달하고, 이로 인해 현재의 소형화는 이제 종말을 고하게 될 것이 분명하기 때문이다. 고전적인 마이크로 전자공학의 하향식 톱다운 방식은 이제 한계에 도달하고 있다. 국제전자공업컨소시엄이 발행하는 반도체산업 관련 보고서는 집적회로의 배가에 영향을 미치는 세 가지 요소를 제시하고 있다. 리소그래피(lithographie)[73]에서 해상도의 기술진

---

73) 나노세계에서 빛과 전자의 방사를 통해 각인을 하는 사진래커(photolack)에서 일어나는 구조를 생산하는 기술. 나노전자 각인 기술로 번역이 가능하다.

보가 50%, 칩 공간의 확대와 구성소재의 소형화(주로 트랜지스터)가 각각 25%로 전체의 발전에 영향을 미친다. 지속적인 기술발전을 위한 소형화의 크기와 관련하여 국제전자공업 컨소시엄은 소위 '기술적인 교점(交點)'의 축소를 지적하고 있다.[74] 이러한 노력을 통해 2011년까지 백만 개의 트랜지스터의 용량을 칩 하나에 옮겨놓을 수 있다. 이러한 기술적 배경에 의해 소위 제품의 값이 회로에 장착되는 트랜지스터의 수에 따른다(멀티미디어성으로 표현 가능함)는 '제2의 무어 법칙'이 더 큰 의미를 갖는다. 이 법칙도 황의법칙에 의해서 무너졌다.

기존의 반도체 기술은 물리적이며, 제작기술적인 한계점에 도달하고 있음을 볼 수 있다. 그래서 기업들은 나노기술에 의한 제품과 방식을 발전시키는 새로운 방법을 찾는 데 고심하고 있다. 이와 관련하여 여러 가지 방식이 있는데, 이것은 상호 간에 밀접한 상호교환관계를 갖고 있다. 한 방법은 기존의 마이크로전자기술의 발전에 나노기술을 접목시켜서 전자부품의 소재응용에 사용할 수 있는 신소재를 만들어 내는 것이다. 무엇보다도 탄소나노튜브와 양자점은 이미 그 응용이 잘 알려져 있고, 새로운 소재의 생산을 가능케 하고 그것을 여러 곳에 접목토록 하는 근원적인 나노기술 구조다. '전통적인' 물질에 기초하여 나노기술에 접목된 새로운 방식은 어느 정도는 성공적인 모습을 약속한다. 현재 대부분의 방식은 양자효과를 이용하는 것이다. 그리고 대부분의 방식은 현재의 기술과의 접목을 통하여 완성도를 높이는 데 초점을 두고 있다. 이들 방식 중 광전자와의 접목은 중요하다. 새롭고 근대적인 커뮤니케이션 기술에서는 이미 오래전부터 전기보다는 빛을 이용하여 정보를 전달했기 때문이다. 전기를 빛으로 전환하며, 동시에 빛을 전기로 전환하기 위해 광전자 소재에 대한 개발이 지속적으로

---

74) ITRS 2001 참조.

이루어져 왔다. 예를 들면, LED, 반도체 레이저 그리고 센서가 있다. 이러한 것은 양자효과와 이에 기초한 소재의 개발과 밀접한 관계를 갖고 있다.

◆ 양자점과 소재

양자점(Quantom Dots, QDs)은 겨우 천 개 정도의 원자로 구성되어 있다. 이것은 개별 원자를 원하는 곳으로 배치시킬 수 있도록 하는 분자광선(Moelcular-epitaxy, MBE)의 도움으로 생산된다. 양자점은 이미 폭넓은 범위의 응용스펙트럼을 갖는다. 양자점 레이저는 대표적인 응용의 예이다. 갈륨비소(GaAs)에 기초한 양자점 레이저는 현재 뜨겁게 논의되는 광섬유의 전송특성에 맞는 1.3um의 파장을 갖는 빛을 방출한다. 그래서 양자점 레이저는 텔레커뮤니케이션과 밀접한 관계를 갖고 있으며, 전문가들의 의견에 따르면 중장기적으로 엄청난 시장을 형성할 것으로 예견된다. 고전적인 반도체레이저에서 소재(물질)의 화학적 구성성분은 레이저 빛의 방출파장을 결정하는 반면에, 양자점 레이저에서는 양자점의 크기에 따라 빛의 파장이 결정된다. 구조화된 설계구조는 개별적인 양자점의 전자적 특성과 이와 연결된 광학적 특성을 의도한 곳으로 변형시키는 것을 가능케 한다. 미래에 양자효과가 기초색인 빨강, 초록 그리고 파란색의 양자레이저를 가능케 한다면 인간의 눈에 적합한 것을 만들어 내는 것이다. 지금까지 도달하지 못한 색의 단위로 그리는 그림을 전자적으로 만들어 낼 수 있다.

현재는 양자 세포 원자(Quantum Celluar Automata: QCA), 즉 결합된 양자점으로 구성된 세포원자 같은 논리회로 방식이 논의되고 있다. 이러한 것을 실현시키는 데 결정적인 요소는 양자점에 대한 극도의 정밀한 구조화와 배열이다. 양자점의 배열에서 전자의 짜 맞춤은 미래컴퓨터의 청사진을 그리는 기초를 형성한다.

현재의 광학전자공학의 결정적 단점은 네트워크의 교점에서 빛이 전자 시그널로 전환되고, 다시 경우에 따라 빛으로 다시 전환되어야만 한다는 것이다. 이에 대한 근본적인 이유는 전기 대신에 빛에 기초한 전자공학, 다시 말해 광자학을 적용할 수 있는 물질이 없기 때문이다. 미래적인 광자학의 기초는 1987년에 처음으로 제안된 광자 크리스탈 (PBG: Photonic Band Cap)이다. 이것은 전자를 소통시키는 반도체 물질이다. 광자 크리스탈은 주기적으로 구조화된 굴절률을 제시하는 유전체(誘電體)에서 생산된다. 이를 통해 광자주파수대 공간 틈, 즉 '금지된' 대역이 발생한다. 이러한 크리스탈의 구조크기는 매질 빛의 파장의 절반에 해당된다. 가시광선의 경우 그 제작에 10나노의 크기에서 정밀성이 요구된다. 이 2차원 구조에서 높은 정밀성은 벌써 이루어지고 있다. 3차원에서의 정밀성이 극복되지 못하고 있다. 이것이 극복되면 양자광학과 비선형 광학을 이용한 물리적 형태로 정보통신 기술에 엄청난 잠재력을 제공할 것이다. 즉 빛에 의한 정보의 전달을 가능케 하는 '빛 정보 시대'를 빠르게 촉진한다.

2. 나노기술에 기초한 시스템과 새로운 구조

나노기술의 세계로 넘어가는 전환기에 정보통신기술의 응용에는 어떠한 큰 변화가 올 것인가 하는 물음에 그 누구도 간단한 답을 줄 수는 없다. 그러나 분명한 것은 정보통신이 소재에서 사회구조의 시스템으로 변해가고 있으며, 이를 위해 나노기술의 응용은 다양한 구조설계

방식을 짜 맞추어야 한다는 것이다. 현재 연구와 개발이 되고 있는 나노기술적인 소재는 트랜지스터, 회로, 저장용량에 종속된 기능을 작은 곳으로 집어넣으면서 더 다양한 기능을 행하도록 함을 이미 여러 곳에서 설명하였다. 이러한 것을 실현하는 방식에는 나노CMOS 기술뿐만 아니라, 양자전자공학의 소재로 RSFQ 트랜지스터, RTD 또는 트랜지스터 등-현재의 정보통신 시스템을 만들어 내도록 하는 것이 가능하다. 전통적인 방식에서 나노기술로 전이되는 기술의 전환기는 꼭 필요한 것은 아니지만 응용시스템의 설계에 있어서의 혁신적인 패러다임 전환을 가져온다. 나노기술이 이러한 점에서 근본적으로 봉합선이 없는 형태의 응용시스템으로 전이될 수 있다 하더라도, 회로와 시스템의 설계와 관련하여 일련의 실제적인 문제가 생길 수 있다. 예를 들어 회로와 시스템의 효과적인 설계는 고성능 설계기계가 있느냐 또는 만들어 낼 수 있느냐 하는 문제에 달려 있기 때문이다. 기본적인 그리고 학술적이고 제작기술적인 문제가 해결될 수 있다 하더라도, 나노전자공학이 장기적으로 경제적 성과를 얻도록 하기 위하여 이러한 설계상의 애로점은 해결되어야만 한다.[75] 예를 들어, 오류에 강한 구조의 개발이 반드시 필요하다는 것이다. 양자전자공학적인 소재로의 전환에서 미리 입력된 신호로 작동되는 신뢰성의 문제는 분리되어 논해져야 한다. 양자물리적인 과정은 근본적으로 통계적인 특성을 갖기 때문에 항상 오류는 나타날 수 있는 것이다. 휴렛패커드사(HP)는 이와 관련한 연구에서 앞서가고 있다. 하이테크 상품과 관련하여 잘 알려진 장기적이고 높은 연구비용을 감안하여 제때에 대체적인 설계 컨셉을 개발하는 것이 긴급한 과제로 간주된다. 특히 관심을 불러일으키는 것은 새로운 방법으로 텔레커뮤니케이션과 정보처리의 성능을 높

---

75) Hamilton 1999 참조.

이는 방식을 실현하기 위하여 나노기술의 특성을 이용하는 설계구조이다. 이러한 접근방법은 소프트 컴퓨팅,[76] DNA 컴퓨팅, 양자컴퓨팅까지 연결되는 것이다. 이것은 현재의 전통적인 방식을 넘어서서 완전히 다른 방식에 의존하는 것이다. 생화학적인 DNA 컴퓨팅과 양자역학의 원리를 사용한 양자컴퓨터는 나노의 모든 특성과 이론을 접목시키는 것이다.

◆ DNA 컴퓨팅

한 DNA 묶음에는 A(아데닌), C(시토신), G(구아닌) 그리고 T(티민) 염기서열의 순서로 정보가 축적된다. 이것을 DAN컴퓨터에 활용할 수 있다. DNA 컴퓨터에서 연산은 DNA묶음의 절단, 복사, 접합 그리고 선택 같은 생화학적인 과정을 통해 이루어진다. 여기에 필요한 기술과 도구－선택적인 효모, PCR, 겔전기영동장치는 생화학적인 연구실로부터 일상으로 접목된다. 남캘리포니아 대학(University of Southern California)의 레오나르도 아델만(Leonard Adleman) 교수는 1994년에 DNA로 가득한 시험액으로 '여행하는 판매원'으로 알려진 수학문제를 DNA가 어떻게 풀어낼 수 있는지 발표해 주목을 받았다. 7개의 도시를 같은 길을 건너지 않고 가장 빠른 시간 안에 통과하는 방식에 대한 해법을 내놓았는데 DNA컴퓨터는 기존 컴퓨터에 비해 엄청나게 짧은 시간 안에 이 문제를 해결할 수 있었다.

한편 DNA 컴퓨팅을 실제로 접목하기 위해서는 두 가지 관점에 무엇보다도 관심을 기울여야 한다. 우선 첫 번째로 폭넓은 응용 영역에 이용할 수 있는 방식과 도구가 연구되고 개발되어야 한다. 특정한 분

---

76) 인공적인 신경네트워크를 지칭하는 전문용어임.

야에만 해결책을 제시하는 방법은 실제적인 접목에 적합하지 않다. 두 번째는 오류문제를 능수능란하게 해결해야 한다. 한편 DNA컴퓨터의 장점은 다음과 같은 차원에서 논할 수 있다.

- 매우 높은 메모리 밀도를 갖고 있다. 1 그램의 DNA(약 1입방센티미터의 건량(乾量))는 10억 개의 CD와 동일한 정보를 담아낸다.
- 대량적인 평행적 정보처리를 수행한다. 애드맨의 고전적인 실험에서 한 방울의 DNA용액이 거의 10의 14배로 1초 내에 DNA의 분리를 가능케 한다. 바로 정보처리의 속도를 높이는 것이다.
- 에너지의 효율성이 매우 높다. 분자 컴퓨터는 이론적으로 극단적인 에너지 효율을 갖는다. 원리적으로 1줄(Joule)로 2×10^{-19} DNA 결합 연산을 하는 데 충분하다. 현재 슈퍼컴퓨터가 10의 9승을 할 때 한 줄이 필요하다는 것을 볼 때, 에너지의 효율성이 상대적으로 높은 것이다.

이러한 이론적인 장점 외에 일련의 문제가 단점으로 제시된다.

- DNA컴퓨팅의 엄청난 연산력은 작은 연산에 한정되어 있다. 여타의 경우는 연산 시 꽤 긴 시간이 요구된다. 특정한 시퀀스(명령이나 데이터의 연속)의 코드화와 여타의 시퀀스 선택이 매우 불편하다는 것이다.
- 알고리즘의 복잡성이 중합체의 경우에서 보다 빠르게 나타난다는 문제(넵투늄(NP)문제로 명명됨)는 DNA컴퓨팅을 통해서 근본적으로 해결될 수는 없다.
- DNA에 내재된 고유한 오류성은 여전히 문제로 남아 있다.

DNA의 잠재적 응용과 관련하여 여전히 상이한 평가가 나오고 있다. 전문가들 중에는 DNA컴퓨터의 미래가 넵투늄(NP)문제를 해결하는 데 있다고 보지 않는다. 그들은 살아 있는 조직체에 이식하고, 그곳에서 여러 신체에서 발생하는 정보 시그널에 통합되고 그리고 여타 신체에 중요한 물질 속으로 전달하는 완전히 유기체적인 연산기기에 대한 수요에 달려 있다고 본다. 다른 면에서 DNA컴퓨터는 유전자 프로그램 구조로 전환하는 혁명적인 알고리즘에서 큰 수요를 창출할 것으로 예견된다. 그러나 제시된 단점을 볼 때, DNA 컴퓨터가 실리움에 기초한 연산과 양자컴퓨팅과 같은 여타 새로운 컨셉에 비해 경쟁력이 있는가에 대한 회의적 관점을 가질 수 있다. 그러나 생물학적 과정에 의한 연산과정이 필요한 소위 '컴퓨터 틈새 시장'에서 DNA는 현재의 컴퓨터의 기능을 크게 능가하면서 보완시킬 것으로 보고 있다.

〈그림 5-1〉 아델만(Leonard Adleman) 교수와 DNA 컴퓨터 장치

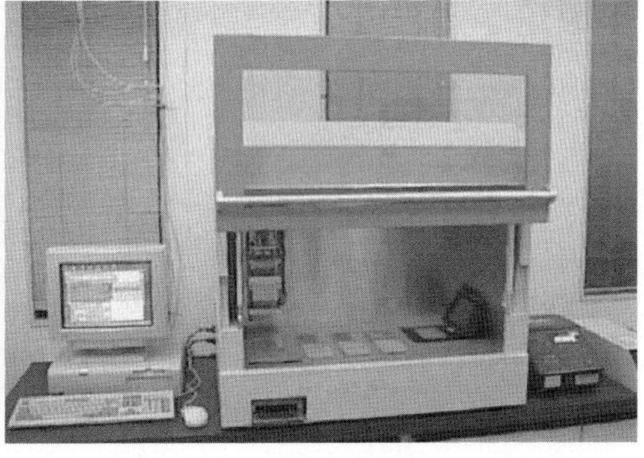

◆ 양자컴퓨터

현재의 컴퓨터 구조에 대한 대안적 방법으로 가장 많이 논의되는 것이 바로 양자정보기술이다. 70년대에 이미 파인만은 "양자역학의 법칙을 양자물리적인 실험을 계산하는 데 사용할 수 있는가?"라는 의문을 가지고 이에 대한 이론적 모델을 개발하였다. 데이비드 도이취(David Deutsch)는 1985년에 양자컴퓨터가 현재의 컴퓨터처럼 동일한 능력을 가질 수 있다는 사실을 인식하였다. 이론적 차원에 머물러 있던 이 양자정보처리 방법은 쇼어(Shor)를 통해 양자알고리즘의 발전 영역으로 편입되었다. 무엇보다도 나노기술의 발전을 통해 적합한 실험적 성공을 위한 진보가 이루어진 것이다. 양자컴퓨터 외에 양자 커뮤니케이션은 양자정보기술에 속한다.[77] 양자컴퓨터의 기본적인 정보단위(Qubits로 불림)는 전통적인 bit의 형태와 더불어, 이 상태가 동시에 일어나는, 즉 0과 1이 동시에 수용된다는 의미를 가진다. 이것은 양자세계에서만 나타나는 독자성이다. 여러 입자의 특성이 중첩되는 특성은 양자시스템의 본질적인 특성이다. Qubits는 00, 01, 10, 11의 네 가지 특성을 갖는다.

이러한 양자컴퓨터의 고전적 관점은 나노기술과 직접적인 관계가 없었고, 분자차원에서 조작이 가능하지 못했던 시기에 이론적인 관점에서 제기된 것이다. 90년대 중반이 되면서 이론적 컨셉이 실험적으로 검증이 되었다. 그 이후로 양자컴퓨터가 어떻게 구조화될 수 있을지에 관한 일련의 방법론이 개발되었다. 양자컴퓨터의 기초가 되는 3개의 기본적인 사항을 제시하면 다음과 같다.

---

77) Boeltau 1999, 참조.

1) 양자컴퓨터의 연산의 핵심은 전체적인 처리 기간 동안 양자상태의 교차가 지속적으로 이루어져야 한다는 것이다. 슈퍼포지션이 양자상태의 측정과 양자를 둘러싸고 있는 통제되지 않은 교환작용에 의해서 파괴된다. 그래서 양자정보처리를 위한 시스템은 교차상황을 가능한 오랫동안 정확히 유지하기 위해 모든 외부적인 영향에서 보호되어야 한다.

2) 데이터 버스에 대한 논리적 작동이 개별적인 것에 접목되도록 허락되어야 한다. 동시에 각 논리적 작동의 결과는 다시 교차되는 양자상황을 감지해야만 한다.

3) 시스템은 양자상태의 선별을 가능토록 해야 한다.

요약하자면 양자컴퓨터 영역은 중단기적으로 학술적인 연구의 잠재성을 폭넓게 갖고 있으며, 장기적으로는 경제적 잠재성을 갖는 부분이라고 할 수 있다. 일반적인 양자컴퓨터가 먼 미래의 목적임에도 최근의 연구결과는 예상보다 빠른 형태의 응용의 가능성을 제시하고 있으며, 그 예로 양자암호화(Quantenkrypographie)를 들 수 있다.

3. 새로운 정보통신기술의 발전과 나노의 응용

현재의 정보통신기술의 발전방향을 표현하는 수사적 표현은 유비쿼터스 컴퓨팅이다. 핵심 의미는 사용자가 일상생활에 필요한 모든 곳과 것에서 원하는 정보를 얻고 커뮤니케이션할 수 있다는 것이다. 특정한 센서 기술과의 결합으로 모든 물체와 상황에 대한 정보를 얻을 수 있고, 파악할 수 있다. 정보통신 기술로 인해 대상체(사람이나 물체가 될 수 있음)가 어디에 있는지, 근처에는 어떤 물체가 있는지 그리고 무슨 일이 발생했는지에 관한 정보를 얻을 수 있다. 우리는 도처에 존재하는 편재성의 물결에 휩싸이고 있다. 인터넷 역시 모바일로 변해가면서 개인에 정향된 '정보 응용'의 추세에 속도를 주고 있다. 즉 '컴퓨터 없는 컴퓨팅'을 만들어 내는 것이다. 마이크로 전자공학과 재료공학에서 나타나는 새로운 발전―예를 들어 소형화되는 센서, 형광성질의 플라스틱, 전자공학적 잉크―과 모바일 기술의 진보는 매우 작고 지속적으로 상호 커뮤니케이션할 수 있는 컴퓨터 시스템의 과잉생산을 도모하고 있다. 나노 크기의 재료형태, 새로운 소재(디스플레이제작을 위한 재료), 또는 곧 실현 가능성이 있는 바이오센서의 개발과 관련하여 나노는 이러한 추세를 위한 결정적인 요인이 된다. 2010년이 되면 이러한 발전의 모습은 확연히 드러날 것으로 보인다.

 이러한 새로운 기술적 실현을 위한 중요한 기술적 응용의 분야는 반도체 분야의 전자공학이다. 무어의 법칙에 의해 발전해 온 반도체 기술과 제작은 단지 컴퓨터에만 연결되는 것이 아니라, 일상적인 삶의 모든 것에 접목되고 있다. 전자부품의 성능 측면에서 이러한 '소리 없는 혁명'은 작은 소자로 된 컴퓨터를 통한 커뮤니케이션을 흔한 형태로 만들어 낼 것으로 예견된다. 작고 값싼 프로세서, 메모리 소재 그리고 센서는 다양한 '정보응용'을 가능케 한다. 마이크로시스템 기술과 나노기술의 결과는 미세소자로 모든 것을 통합하는 데 중요한 의미를 갖는다. 재료공학 분야의 발전에서 제시되는 결과는 컴퓨터가 완전히 다른 모습으로 나타날 것으로 예측케 한다. 이러한 맥락에서 전자 잉크, 스마트 페이퍼는 엄청난 의미를 갖는다. 소위 '신체네트워크 시스템화(Body Area Network)'에서 이루어지는 발전은 인간의 신체를 정보를 이동시키는 미디어 자체로 변화시킨다. 입는 컴퓨터인 웨어러블

컴퓨터(Wearable computer)가 그 대표적인 보기이다.

나노전자공학의 소재와 이에 기초한 디스플레이 외에 일상적인 정보기술을 위한 나노기술적 에너지원은 특별하며 중요한 의미를 갖는다. 배터리 기술은 현재 여타 정보통신기술에 비해 매우 느린 진보 속도를 보이고 있다. 새로운 나노기술의 도움으로 2010년에 mg당 2줄의 에너지가 소비되도록 하는 것은 매우 기대되는 바이다. 또한 배터리 외에 대안적인 에너지원에 대한 연구가 집중적으로 이루어지고 있다. 나노기술적인 촉매와 중합체를 갖는 동력장치는 기존의 배터리에 비해 10~40배의 에너지 밀도를 가질 것으로 예상된다.

확대방식을 통한 나노기술은 분자적인 선형모터나 로테이션 모터를 통한 에너지 생산을 가능케 한다. 이러한 모터는 링 형태의 효소입자로 구성될 수 있다. 정보통신기술에서 나노에너지원의 이용은 장기적 차원에서 고려되며 지속적으로 연구되는 기술 분야이다. 인간과 컴퓨터 상호 간의 친화적인 커뮤니케이션은 나노기술의 접목을 통해서만 가능해진다. 예상되는 서비스로봇의 생산과 일상생활로의 응용은 확대방식의 나노기술의 실체로서 회자된다.

유비쿼터스 컴퓨팅 비전의 실현 시기와 범주는 여타 기술에 비해 점점 더 분명해지고 있다. 현재 발전하고 있는 정보통신기술에 대한 예와 제시된 모습은 인간의 삶의 모습을 편하게 해 주는 엄청난 잠재력을 갖고 있기 때문에 매우 긍정적인 모습을 지닌다. 유비쿼터스 개념의 창시자인 제록스사의 PARC연구소의 마크 와이저의 논문이 발표된(1991년) 지 10년 후인 2002년에 전문가들 대부분은 유비쿼터스의 비전이 미래적이라는 의미를 벗어났으며 이제 현실로 나타나고 있다는 의견을 내놓고 있다. 반면 일부에서는 현재의 정보통신 시스템이 전체적인 감시국가를 만들어 내는 기초가 된다는 우려의 목소리를 높이고 있다. 예상되는 컴퓨터의 현장성과 이에 의해 발생된 경제적, 사회적 그리고 사회조직적인 영향의 관점에서 다양한 조직적 형상의 공간이 요구된다. 데이터 보호와 관련한 법제의 근본적인 개선은 새로운 '사회조직적인 모습'의 테두리에서 요구되는 것이다.[78] 건강보건 영역에서 요구되는 정확하고 신뢰성 있는 기술의 기능성은 무엇보다 중요한 것이 되고 있다. 이러한 제 관계에서 시스템에 대한 완벽한 통제성의 문제가 자주 제기되고 있다. 이것은 기술시스템 자체뿐만 아니라, 이에 따른 활용이 예상되는 응용 영역이다. 이와 관련하여 전체를 조망하는 것이 어렵게 되는 사회시스템의 새로운 등장이 다양한 학술적 논쟁을 일으킨다. 정보통신과 위험연구는 이러한 관점에서 앞으로 논의될 이슈가 풍부해지는 연구 영역이 되고 있다.

---

78) 여기서 말하는 '사회조직인 모습'은 커뮤니케이션구조의 변동, 가치관의 변동에 따른 새로운 사회의 존재양식을 말하는 것이다. 이 부분에 대한 논의는 앞으로 글로벌화의 차원에서 접근되는 문제가 된다.

6장

나노기술의 이중성과 윤리적,
사회적 관점

1. 나노기술이 건강과 환경에 미치는 긍정적 결과

건강과 환경 분야에서 나노기술과의 접목은 여러 문제를 해결하는 하중경감의 효과를 가져올 것으로 추정되고 있다. 동시에 새로운 진단, 치료방식과 재료의 경감을 가져올 것으로 보인다. 다른 한편, 나노기술과 연결되어 예상되는 건강과 기술에 대한 부정적 결과가 주제화된다. 이 논쟁의 중심에는 통제되지 않은 나노입자의 방출과 유출이 가져올 문제점이 자리잡고 있다. 나노와 관련된 건강과 환경에 관한 현재의 연구상황은 나노기술이 가져올 하중증감 현상과 관련하여 매우 제한된 연구결과만이 존재하며, 신뢰도가 낮은 모습을 한다. 동시에 큰 격차가 존재하고 부분적으로 모순되는 모습을 보인다. 긍정적인 측면에서 활용될 수 있는 나노기술의 잠재성은 확실하게 크다. 수많은 논의에서 보듯이 나노기술은 엄청난 경제적 잠재력을 갖고 있다. 그러나 이러한 모든 것이 사실일까? 모든 기술은 동전의 양면과 같이 항상 예기치 못한 새로운 문제점을 동반한다. 기회와 위기가 함께 존재하는 것이다. 그래서 여기서는 중장기적이며 이론적으로 예견되는 문제점을 논의한다.

나노기술의 발전은 의학 분야에서 새로운 치료와 진단방식을 가능토록 하고, 이것의 활용이 가져올 경제적 유용성, 의학적 유용성을 기대하게 한다. 예를 들어 나노척도의 크기에서 어떠한 장애 없는 과정에 대한 지속적인 관찰이 가능해진다면, 의학과 생물학 등에서 엄청난 인식의 전환을 가져올 수 있을 것이다. 설득력 있는 모델링이 생물학적 과정에 대한 이해를 증진시키고 있다. 의약품과 농약 같은 농업관련 화학제품은 특정한 상황 속에서 값싸게, 신속하게 개발할 수 있고 새로운 시장을 형성할 수 있다. 이미 잘 알려진 작용물질의 특성을 체계적으로 효율화할 수 있으며, 바이오생물학에서는 이러한 것을 활용하여 효율적인 식품과 의약품을 개발해 낼 수 있다.

생명공학적인 방식과는 반대로 나노기술은 잠복 중인 바이러스의 유출, 새로운 전염병의 출현과 생성, 기대하지 않은 유전자이식 또는 병원체의 유전공학적 조작에서 나타나는 건강위험과는 결합하지 않는다. 그래서 의학 및 건강과 관련한 나노기술은 새로운 의미를 갖는다.

나노기술에 기초한 진단도구의 도움으로 실제 진행 중인 질병의 진단과, 질병에 걸리기 쉬운 체질에 대한 진단이 조기에 이루어질 것으로 예상된다. 이러한 예방책과 더불어 조기 진단과 개인에 정향된 상이한 진단이 환자의 효과적인 치료를 높일 것으로 분석된다. 만성적인 병은 나노센서의 도움으로 지속적으로 통제되고, 치료 시 안전성은 높아지며 동시에 환자는 행동을 자유롭게 할 수 있을 것이다. 일정한 의료적인 개입이 요구되는 건강상태는 조기에 인지될 수 있다. 나노센서의 도움으로 보호되어야 할 건강보건 데이터가 다양해질 것이며, 데이터 보호에 대한 새로운 촉구를 제기할 것이 분명하다.

인간의 몸에 나노센서의 부착은 건강보험 사회시스템에 영향을 줄 것이 분명하다. 다수의 환자에 대한 체계적인 감시는 이에 맞는 정보통신 기술의 구조를 요구한다. 소위 말하는 텔레메디컬(telemedical)을 발전시켜야 한다는 정책적인 목소리가 높아질 것이다. 나노기술은 의학의 진단 분야에서 고전적인 형태를 뛰어넘으면서 새로운 발전을 이루어 낼 것으로 예상된다. 일부의 간단한 검사는 가정에서 할 수 있으며, 개인화된 의학의 발전을 더욱 가속화시킬 것으로 보인다. 치료의 영역에서는 나노기술의 도움으로 부작용이 없는 치료를 할 수 있다는 관점이 설득력을 얻을 것이다. 중추신경계의 불치병 치료에 나노기술이 그 문을 열 수 있다는 희망이 대두되고 있다.

이미 폭넓게 활용되는 나노입자를 이용한 조제시스템은 약제치료에서 혁명적인 진보를 이루어 낼 것으로 진단하고 있다. 나노기술이 앞으로 암과 감염의 치료에 뚜렷한 공헌을 할 경우에, 이 병에 걸린 환자의 삶과 삶의 질에 긍정적인 영향을 미칠 것이 분명하다. 나노기술 방식을 이용하여 인공적인 이식을 할 때 필요한 생물학적 일치성을 개선할 수 있다. 이 외에 이식조직을 오랫동안 몸속에서 활동토록 하는 것이 기대된다. 이러한 모든 것은 수술 시의 부작용을 줄이고 환자의 삶의 질을 높이게 한다. 또한 더욱 희망적인 소식은 나노기술의 도입은 의료비용을 낮아지게 할 수 있다는 것이다.

이러한 생물학적 과정에 대한 제어는 사람, 동물 그리고 식물의 기능성을 높이는 데 그 목적이 있다. 이와 관련하여 여러 분야에서 제기되는 것처럼, 인간이 육체적으로 어느 정도로 변화가 되고, 다른 존재들에 영향을 미칠지가 문제시된다. 중장기적으로 볼 때, 개선된 이식 모델을 통해 기존의 이식형태를 대체하여 새로운 형태의 이식이 가능하게 될 것이라는 것이다. 나노기술과 바이오기술이 결합하고 서로 영향을 미치면서, 교정물을 이용하는 이식과 장기이식의 경계선이 사라진다. 늙고 병든 기관조직을 나노기술에 기초하여 새롭게 증식시킨 새 기관조직으로 갈아 끼우는 행위에 대한 논의가 최근에 이루어지고 있다. 이러한 방법을 이용하여 환자의 삶의 질을 결정적으로 개선한다는 긍정적인 의미 외에도 의학이 인간의 조직을 수선하고 고치는 부품수선공장으로 전락하고 만다는 부정적인 논의도 제기된다. 앞으로 정확히 정의된 형태로 기능을 수행하는 나노기계가 대량적으로 값싸게 생산되며 이 기계가 인체에 투입된다면 생명공학은 혁명적으로 변화할 것이 분명하다. 노화현상과 골격 등의 마모현상은 훨씬 더 개선된 방법으로 치료될 수 있다. 나노기술이 환자에게 개선된 삶의 질과 생명을 연장시키는 데 공헌한다면, 환자뿐만 아니라 가족과 일터에서 하중경감효과[79]를 가져올 수 있다는 점은 중요한 사회적 의미를 갖는다.

그러나 상대적으로 지적해야 될 부분은 나노기술이 인간의 건강에 미치는 긍정적 영향이 몇 가지 경우를 제외하고는 대부분 가정된 추론적 주장이라는 것이다. 의학을 혁명적으로 변화시킬 줄기세포 치료법, 유전자 치료법과 같은 여타 기술에서처럼 나노기술은 실제적으로 여러 장애물을 극복해야만 한다.[80] 그래서 나노기술과 의학의 빠른 접목은 시간을 두고 지켜보아야 할 기술융합 분야로 간주되고 있다.

나노와 의학의 결합 외에 나노기술과 환경의 접목은 하중경감효과가 분명하게 나타날 것으로 기대된다. 이러한 주징에 대한 근거는 다음과 같은 주장을 통해 뒷받침된다.

- 소재의 절약: 나노크기의 촉매물질의 생산 시 두께를 얇게 할 수 있음. 나노를 이용하여 강력하지만 가벼운 건설소재의 제작, 기계 제작에서 마찰이 적은 표면의 생산, 생명공학 분야에서 쓰이는 고도로 특화된 박막의 설계 가능
- 환경을 해치는 부산물의 생산을 축소시킴: 나노 촉매제와 함께하는 나노반응을 통해 이루어짐
- 에너지 전환 시 효율을 높임: 태양열기관과 동력장치에 개선된 부품을 제공하고, 에너지의 손실을 적게 하는 방법을 제공
- 에너지 사용 시 효율 증대: 표면에 적은 물질을 입히는 방법을

---

79) 이 말은 가족의 책임, 재정적인 압박 그리고 일상적인 스트레스를 낮추는 일체의 행위 효과를 부르는 표현이다. 앞으로 이 개념을 좀 더 분명하게 할 필요가 있다.
80) 황우석 교수의 줄기세포관련 연구는 유럽차원에서의 나노와 의학의 접목에 소련 최초의 위성인 스푸트니크 쇼크 같은 효과를 주었다.

통해 이루어짐
- 환경에서 배출된 환경오염 물질의 제거: 나노필터를 이용한 수질
  오염의 제거
- 안전도의 증가: 소재의 측정에 필요한 센서의 개선을 통해 이루
  어짐

삶의 영역에서 나노기술의 응용은 값싼 생태학적 특성을 약속한다. 예를 들어 매우 작은 양의 샘플을 가지고 화학적 분석을 하는 '랩 온 칩'기술의 장점을 들 수 있다. 이 시스템은 적은 공간을 요구하고 시스템을 운용하는 데 매우 작은 에너지만 필요하다. 이 외에 환경오염 물질의 분석과 환경의학 영역에서 필요한 진단에 적합하다.

나노기술적인 제품은 조직에 약품을 조준하여 활용할 수 있기 때문에, 기존의 소재보다 적은 양으로 효과를 높일 수 있다. 치료를 받은 조직은 사용되지 않은 소재를 환경 속으로 배설하지 않는다. 배설이 된다 하여도 매우 작은 양이 될 것이다. 작지만 반응이 매우 높은 생물학적 센서는 환경을 오염시키고 상하게 하는 행위를 막으면서 환경을 보호한다.

2. 나노기술이 건강과 환경에 미치는 부정적 결과

나노입자와 건강의 부정적 관계는 여러 형태로 나타날 수 있다. 나노입자는 호흡(기도), 섭생(입) 그리고 흡수(피부)를 통해 인체 속으로 들어올 수 있다. 나노입자의 흡입과 관련하여 예상되는 부정적 결과에 대한 추정은 지금까지 주로 초미세 입자가 미치는 영향에 대한 유추적

실험결과에 기초하고 있다.[81] 예를 들어, 주민들에게 발병되는 병의 원인과 사망의 원인은 공기오염에 점점 더 비중을 두고 있음을 기존의 연구결과는 제시하고 있다. 이 연구는 주로 초미세 입자가 인체에 미치는 영향에 근원하고 있다. 그러나 데이터는 매우 제한적인 모습을 한다. 마크로 박테리오파지(바이러스) 같은 초미세 입자는 잘 수용되지 않고, 처리되지 않기 때문에 폐흉부 조직의 공간에 흡착될 수 있다. 초미세 입자는 특히 인체기관에 흡착되어 염증을 일으키기도 한다. 이러한 미세 입자의 흡입은 호흡기 같은 만성적 병을 더욱 악화시킨다. 많은 양의 입자는 폐암을 발생시키는 원인이 된다는 증거도 존재한다.[82]

이 외에 동맥경화증과 심장병으로 고생하는 환자는 초미세 입자의 흡입을 통해 증세가 더 악화되고 만일의 경우에는 사망할 수도 있다. 이러한 발병의 메커니즘은 아직까지 명백히 밝혀지지 않았다. 우선적으로 혈액순환을 통해 폐에 접착되는 미세입자의 직접적인 영향을 추정할 수 있다. 다른 한편, 혈관에 영향을 주는 단백질(Fibronekin) 같은 전달물질의 방출에 그 원인을 소급해 볼 수 있다.[83] 이 외에 초미세 입자는 신체 속에서 화학반응의 촉매제가 되고, 단백질 입자를 쌓이게 하고 또한 이동시킨다. 그리고 세포막 속으로 칼슘의 이동 통로를 열리게 한다. DNA의 복구와 복제와 연결된 교환 작용은 단지 추정될 뿐이다.[84]

---

81) 나노입자의 개념은 이제 독극물학의 범주에서 다루어지고 있다. 현재 독극물학은 '초미세 입자'라는 개념으로 나노입자를 동일하게 다루고 있다. 입자의 크기와 관련하여 '나노입자'와 '초미세 입자'에 대한 정의된 구분은 현재 없다. 나노입자는 단지 의식적으로, 즉 인공적으로 나노의 크기에서 생산된 것이고, 초미세입자는 이와는 반대로 소각과정과 기술적인 제작과정에서 의도하지 않게 발생하는 것으로 간주한다.
82) Abbey et al, 1999; Pope et al, 2002, 참조.
83) Borm 2002a, 참조.

초미세 입자는 세포 속의 세포막과 불특정한 상호작용을 통해 쉽게 수용된다. 그 결과 면역시스템의 반응을 일으킨다. 생체 밖의 시스템에서 초미세 타이탄다이옥신 입자는 '미엘로페르옥시다제(Myeloperoxidase)'라는 효소를 흡착시키는 것이 확인되었다.[85] 나노기술의 다양한 응용 영역에서 석면처럼 폐에 유사한 영향을 미치는 나노튜브가 존재한다. 석면은 나노튜브보다 크다. 석면은 20~40년 동안의 잠복기 이후에 폐 속에서 활동하는 까닭에 폐암, 복막에 악성종양을 일으킨다.[86]

이미 언급하였듯이 나노입자는 비교적 세포막에 쉽게 투입할 수 있다. 실험에서도 밝혀졌듯이 특정한 나노입자는 단백질을 비점막(코의 점막)을 통해 피 속으로 또는 림프 속으로 전달하는 데 매우 적합하다. 나노유화(乳化)의 형태로 제공되도록 하면서 종양을 없애는 약의 효능과 특정부위의 마취효과를 높이는데도 기여한다. 즉 생물학적 장벽을 통해 작용물질이 원하지 않는 물질을 전달하지 못하도록 할 수 있다는 것이다.

화장품과 일상식품을 통해 색소나 UV-필터로서 나노입자는 이미 우리의 신체 속으로 스며들고 있다. 현재 화장품에 대한 시장허가의 절차는 약품에 비해 그 통제정도가 낮은 것을 볼 수 있다. 예상컨대 나노입지가 건강에 미치는 영향은 장기적으로 소비자들에게 나타날 것이다. 의약품적인 특성을 갖는 화장품은 현재 의약품 관련 법제의 관할하에 놓여 있으며, 향후 의약품과 화장품의 경계선은 점점 더 희미해질 것이다. 나노입자의 방출과 관련한 예상되는 부정적 영향에 대한 비판적 목소리는 이티시 그룹(ETC-Group: action group on erosion,

---

84) Born 2002a, 참조.
85) Born 2002b, 참조.
86) Mossman et al, 1990; Suva 1998, 참조.

technology and concentation)에서 나오고 있으며, 부분적으로 그린피스가 이 문제를 다루고 있다.[87]

한편 나노기술을 이용하면 특정한 약효의 성분을 조준하여 사용할 수 있기 때문에 약 효능을 높일 수 있다. 이러한 높은 약의 효능은 약품의 과다조제와 사용양의 증가가 있을시 매우 위험해질 수 있다. 이러한 약사용의 소위 타깃화는 작용물질을 줄여서 투입하고 이로 인해 부작용을 줄일 수 있다. 약치료에 따른 원치 않는 부작용을 줄이기 위하여 나노기술의 의학적 응용은 여러 가지 사항을 고려토록 한다. 이러한 고려 사항에 중금속 형태의 나노제품이 가져올 예상 가능한 결과(암유발성), 알레르기 반응, 태아에 미치는 결과, 면역시스템에 대한 영향, 민감한 환자집단에 미치는 영향, 영양물과의 상호작용 그리고 여타 약품과의 반응 등이 속할 수 있다.

나노제품의 응용과 관련하여 특별히 제시된 문제는 침투하는 나노입자에 대한 신체세포의 반응, 피와 태반 간의 자제력 등처럼 신체가 어떻게 제품을 인식하고, 배제하는지에 대한 것이다. 나노입자를 제공하는 작용물질에 대한 의약품 수용조사연구 방법은 이제야 알려지고 있는 상황이다. 무엇보다도 예상 가능한 것은 새로운 물질의 제공과 관련하여 약물의 투여 방식이 달라질 것이라는 것이다. 예를 들어, 나노입자가 들어 있는 진통제는 정제로 된 상태로 먹는 것보다 피부에 바르는 것이 더욱 효과를 높일 수 있다는 것이다. 즉 효과를 높이는 가능성이 높아지는 것이다. 특히 최근의 웰빙과 관련하여 볼 때, 고통이 없으며 부작용이 없는 연고는 마케팅에서 우위를 점할 것으로 예견된다. 주사기의 사용은 고통스러운데, 나노시스템이 이 방법을 대체하게 된다면, 환자가 나노를 응용한 시스템을 선호하는 것은 당연할

---

87) Arnall 2003, 참조. 그리고 http://setcgroup.org/pubkications.asp.

것이다. 무엇보다도 현재의 의료방법이 긴급히 필요하지 않을 때는 더욱더 그러하다고 예상할 수 있다.

의약품 업체는 단백질을 입으로 전달토록 하는 것을 가능케 하는 공급시스템에 관심을 갖고 있다. 최근 장의 벽을 통한 나노의 수용에 의약품 업체가 큰 관심을 갖는 것이 바로 이러한 이유에 근거하고 있다. 작용물질을 담고 있는 나노입자의 흡입이 동반할 영향은 신체가 기도를 통한 단백질의 이동에 어떠한 영향을 미치고, 폐가 수용할 수 있는지를 현재 측정할 수 없기 때문에 예견이 쉽지 않다. 일반적으로 나노입자의 생물학적 특성에 대한 예측에는 정확한 해답이 없다.

앞으로 나노제품의 이식과 투여를 통해 환자의 신체적 특성이 변할 것은 분명하다. 신체로부터 배설되지 않는 마그네틱 형태의 나노입자는 매우 높은 면역결핍증을 유도할 것이다. 외부에서 미치는 것에 비해 환자의 내부적인 면역결핍증은 더욱 증가할 것이다. 또한 의도하지 않은 부작용 외에 약물의 오용이 증가할 수 있다. 다수의 국민이 이러한 나노센서나 나노약제 시스템으로 통제되고, 사전에 예방되는 모습을 한다면, 이 나노 약제시스템의 영향에 대한 관심은 높아질 것이다. 군사적 목적에서도 이것은 큰 관심거리가 될 것이다.

만약 노동자가 가스나 가루형태로 나노를 활용하는 작업장에서 일을 한다면, 나노입자와 나노섬유를 흡입할 수 있는 잠재적 위험은 더 커질 것이다. 나노제품의 생산보다 그것의 사용과 소비는 훨씬 통제가 어렵다. 나노입자와 나노섬유는 제품의 마모와 폐기하기 위해 행하는 분쇄작업에서 방출될 수 있다. 나노기술적인 덧칠에서 방출되는 양은 적고, 이것은 건강에 미치는 영향이 미미할 것으로 주장되는 연구결과가 있다.[88] 오히려 미용을 위한 화장품, 안락함을 추구하는 웰빙 제품

---

88) Paschen, D., 외, *Nanotechnolgie*, 2002, p.290에서 참조함.

그리고 삶의 능률을 올리려는 제품의 사용은 오용을 부추겨 나노입자의 방출을 높일 수 있다는 것이다. 소비자는 담배, 술 그리고 파티용 마약에서 볼 수 있는 중독적인 위험을 나노제품에서 감수해야 한다는 주장도 있다.

생활용품의 성분과 제조에 응용된 나노기술은 소비자와 건강위험 차이에서 불가분의 관계를 가질 수밖에 없다. 우리에게 영양분을 제공하는 영양물질의 자연적인 안전성이 변한다면, 소비자는 그동안의 경험과 축적한 지식에 근거해서 상품을 평가할 수 없게 된다. 이것이 바로 큰 위험을 초래하는 원인이 될 수 있다.

환경에 미치는 나노기술의 부정적 결과는 많은 논의가 이루어지고 있다. 인공적인 나노구조는 나노산업이 발생시킨 입자 방출 또는 일상생활에서 활용하는 나노제품을 통해 환경 속으로 들어온다. 이 나노입자가 퍼지는 행태와 환경에 미치는 영향은 잠재적인 장기적인 성향을 갖기 때문에 지금까지는 그 과정이 잘 알려져 있지 않다. 예상되는 과정을 서술하면 다음과 같다.

- 작은 질량과 크기로 인해서 나노입자는 환경 속으로 방출될 때 신체의 기도를 통해 깊숙이 전달되며, 분산된다. 오염된 나노입자는 일반적으로 특정한 곳에 있게 하거나, 제거하는 것이 매우 어렵다.
- 이 외에 자연환경에 존재하지 않는 탄소공, 나노튜브 같은 물질을 제시할 수 있다.
- 나노제품의 대량생산이 어느 정도로 경제적이고 생태 친화적이 될 수 있는지는 현재 의문으로 남아 있다.

나노단위의 물질을 퍼뜨리는 잠재적인 가능성과 관련하여, 이동성, 지속성, 폐에 접목되는 특성, 물에 녹는 수용성 같은 특성이 고려되어야만 한다. 통제되지 않은 나노입자의 확산은 소재의 변형(생물학적으로 부수기), 낮은 생물학적 이용성과 생물학적 누적성을 증가시킨다.

이러한 것 외에 상이한 환경매질에 대한 상이한 영향이 기대된다. 공기의 청청도와 관련하여 자동차 바퀴와 매연에서 나오는 미세 나노입자의 문제가 현재 논의되고 있다. 나노제품의 생산과 관련한 입자의 방출과 사용을 통한 입자의 방출이 어떠한 곳으로 전이되는지는 알려져 있지 않다. 현재 자동차 기술의 개선을 통해 먼지의 크기는 10ppm 이하로 줄어들었다. 그러나 이와는 반대로 미세먼지가 기도에 흡입되는 집중도는 증가하고 있다. 이 미세먼지문제를 나노입자는 더욱 악화시킬 것으로 보고 있다. 폐광에서 흘러나오는 오염된 물이 중금속을 다량 함유하고 있다는 것은 수질과 관련한 나노 위험성이 심각할 수 있다는 한 증거를 제시한다. 나노입자는 이러한 중금속을 끌어낼 수 있다. 이 외에 나노구조의 생산은 환경에 부정적인 영향을 미칠 수 있으며, 소재의 활용에서 이것은 여러 형태로 볼 수 있다. 확대방식에 의존하여 특정한 것에 정향되어 생산된 반응 상품과 여기에 응용된 특별한 화학물질 그리고 시설은 환경에 적지 않은 영향을 줄 것으로 예상된다.

독일의 환경경제연구소는 에너지 획득과 관계된 광합성 전지와 에너지의 부산물을 줄이는 자동차가스 촉매라는 두 분야를 가장 현실적인 응용 분야로 평가하고 있다. 이 기술 영역과의 관계를 설명하면 다음과 같다.

◆ 광합성전지(Photovoltaik)

광합성전지 방식은 중장기적으로 볼 때 나노기술의 도입을 통해 생태적인 하중경감 효과를 가져올 수 있다는 강력한 희망을 줄 수 있는 분야로 간주된다. 현재의 연구 성과와 이노베이션의 정도에 근거하여 컬러 태양전지판의 응용에 대한 관심이 모아지고 있다. 컬러태양 전지판의 연구에 기초하여 현재의 실리움 전지판과 그 경제성이 실험적으로 비교되고 있으며, 현재에는 멀티크리스탈 실리움에 기초한 태양전지 모듈이 활용되고 있다. 그러나 이 컬러 태양전지판은 유기화학 금속색소가 들어 있는 나노크리스탈인 '타이탄 다이옥시드(Titandioxid)' 전극판으로 구성되어 있다. 따라서 여러 가지 금속에 대한 선택성을 비교해 볼 때, 경제성은 있으나 환경친화성은 평가하기가 매우 힘들다. 현재 에너지 연구 기관의 연구결과를 비교하여 보면, 새로운 나노기술과 소재의 도입은 환경에 미치는 영향과 에너지의 차원에서 환경적인 장점이 있는 것으로 평가되고 있다. 이것은 기존의 반도체 기술에 대한 나노기술의 응용을 높이고, 나노와 서브나노 효과를 통해 물리적인 경계를 뛰어넘도록 하는 데 효과적인 길을 제시하는 것으로 평가된다. 그래서 이 분야에서의 나노기술의 도입은 소위 '3세대의 태양전지판'을 만들어 내는 것으로 명명되고 있다.

◆ 자동차 배기가스 촉매제 기술

자동차의 배기가스와 관련하여 촉매제의 나노크기에 대한 접목은 오랫동안 논의가 된 분야이며 최근까지 다양한 연구 성과가 축적되어 있다. 이 기술이 제공하는 생태학적인 효과는 논의의 초점이 되고 있

다. 작고 동질한 나노 크기의 보석입자가 접목되는 추세는 백금계열의
금속(PGM)을 이용한 촉매효과보다 더욱 높은 효과를 갖도록 하고
있다. 이러한 계통의 입자는 자동차 배기가스 촉매에 열을 일정하게
공급하고, 녹이 발생하는 현상을 완화시킨다. 그래서 PGM의 이용을
줄이는 한편 세계적으로 강화되는 배기가스의 기준에 맞는 자동차를
만들어 낼 수 있도록 한다. 생태적인 하중경감효과는 이 나노 촉매기
술의 핵심이다.

3. 나노기술의 윤리적, 사회적 관점

새로운 기술발전이 동반하는 기술과 학문의 진보는 현재의 규범으
로는 도저히 수용할 수 없는 새로운 '기정사실(faits accomplis)'을 만
들어 내는 것을 볼 수 있다. 하버마스는 자신의 저서 '인간적 특성의
미래(Die Zukunft der menschlichen Natur, 2001)'에서 이러한 내용을
강조하고 있다. 하버마스는 미래의 기술이 사회와 대결하는 모습을 지
니게 될 것이라고 주장하면서 기술의 발전이 오늘날 매우 극단적인
형태로 가고 있는 반면에, 규범적인 관점에서 판단할 수 있는 논점을
전문가들이 시의적절하게 제시하지 못하고 있다는 문제점을 제기하고
있다. 여타 논자는 이러한 하버마스의 주장에 이의를 제기한다. 미래
의 문제는 현재의 지식과 인식으로보다는 미래의 지식으로 극복하는
것이 더욱 의미 있다는 것이다.[89]
　나노기술의 발전을 통해 제기된 윤리적, 사회적 문제에는 정의로운
분배의 문제, 개인 사생활의 보호, 공공과 국가적 안전보장 그리고 인

---

89) Myhrvold 2000 참조.

간과 기계의 관계변화 등이 포함된다.[90] 이러한 형태의 문제를 학술적으로 연구해야 한다는 점에는 모든 나라가 연구개발 정책의 차원에서 통일된 목소리를 내고 있지만, 실천적인 부분에서는 아직 가시적인 성과를 드러내지는 못하고 있다.

실용적인 철학과 윤리의 분야에서 나노 주제는 지금까지 전혀 다루어지지 않고 있다. 그러나 유사한 기술 영역에서, 즉 유전공학, 신경세포학, 정보통신기술 영역에서 인간과 인간의 삶이 어느 정도로 기술적으로 변화될 수 있는지에 대한 문제는 이미 많이 논의되었다. 나노기술은 다시 재차 이러한 문제를 논하도록 한다. 인간의 정체성을 급격히 변화시킬 수 있는 나노기술을 통한 생물학적 소재의 치환과 보완은 이 문제를 다양한 차원에서 보도록 강제한다. 나노의 이러한 비전은 여타 다른 기술의 발전이 제시하는 비전과 비슷하다. 우주적인 변화의 스펙트럼, 장수개념의 변화, 개인존재의 기술적인 확대 그리고 통제되지 않은 기술발전에 따라 예상되는 공포적인 결과는 이러한 문제점을 연구하도록 한다.[91] 따라서 여러 분야의 응용과 활용의 시나리오를 통해 예상되는 문제에 대한 윤리적, 사회적 문제를 미리 제기하여 공적인 논의의 장으로 끌어들이는 것은 매우 필요하다.

나노기술은 모든 경제 분야에서 잠재적인 성장의 기회를 제공한다는 희망과 연결되어 있기 때문에 더욱더 이러한 논의가 요구된다. 나노기술방식과 이것을 이용해 생산한 제품의 시장침투는 이제 시작단계에 있지만, 특정 제품군에서는 이미 일정한 소비시장을 형성하고 있다. 나노기술이 시장에 적합한 상품의 생산에 영향을 미친다는 인식은 이미 설명하였듯이 여러 분야에서 논의되어 왔다. 지난 10년 동안 나

---

90) Manyusiwalla et al., 2003 참조.
91) Basics, 2002 참조.

노기술은 생명공학, 화학, 약학 그리고 의학 분야에서 심도 있게 논의
되어 왔으며, 이 추세는 점점 더 폭넓어지고 있다. 이미 제약 분야, 병
의 진단, 해부학, 생화학적 촉매 분야에서는 수백억 달러의 시장이 형
성되고 있다. 나노와 관련한 경제 지표는 신뢰성이 높지는 않지만, 소
위 진공상태의 시장을 끌어올리는 지렛대 역할을 한다고 볼 수 있다.
직접적으로 나노기술이 창출해 내는 시장성보다는 나노기술의 파급시
장이 크다는 것이다. 현재 나노기술에 집중하는 기업은 과도기적 어려
움에 처해 있으며, 이 문제를 해결하기 위해서는 전략적인 파트너십의
개발이 요구된다.

　나노기술과 보건 및 환경과의 결합은 기존의 문제를 해결하는 '하
중경감의 효과'를 갖게 한다. 나노기술의 발전이 건강과 결합하면서
가져온 긍정적인 결과에 속하는 것은 새로운 진단법과 치료법의 개발
이다. 또한 의약품의 효능을 높이고, 농화학적인 효과를 높이는 생물
학적 과정에 대한 지식의 발전은 이러한 하중경감효과에 속한다. 나노
기술에 기초한 진단기구의 도움으로 병의 특성을 예전에 비해 빨리
인지할 수 있게 되었다. '랩 온 칩' 기술방식의 개발은 개별화되는 의
학치료의 추세를 만들어 내고 있다. 나노기술은 치료학에서 부작용이
없는 처방을 가능케 하고 있다. 나노기술의 방식을 도입하여 인공이식
수술에서 이종 생물체 간 이식이 동반하는 부작용을 개선시킬 수 있
다. 이와 관련하여 인간의 건강에 미치는 나노기술의 긍정적 영향은
대개 '가정되는 상태'에 있다는 점이다. 환경에 미치는 '하중경감의 효
과'는 소재의 절감, 환경에 부정적인 부산물의 축소, 에너지 전환 효율
의 개선 그리고 에너지 소비의 절약에서 찾아볼 수 있다.

　나노기술이 제기하는 위험논의의 핵심은 통제되지 않는 나노입자가
사람과 환경에 미치는 결과에 대한 문제이다. 현재 건강 및 환경과 관

련한 나노기술의 연구결과가 제시하는 부정적인 상황은 제한된 '하중효과'에 한정되어 있다는 것이다. 나노입자의 흡입이 가져오는 예상 가능한 부정적 결과에 대한 추측은 지금까지 주로 유추적인 형태로 이루어지고 있다.[92] 나노단위의 '극한 미세입자'는 신체에서 화학반응을 일으키는 촉매제가 될 수 있다는 것이다. 또한 세포에 극한 미세입자의 침투는 면역시스템의 반응을 마비시킬 수 있다. 여러 영역에서 이루어지는 나노기술의 응용 가운데 나노튜브는 석면처럼 폐에 질병을 가져올 수 있고, 나노입자는 세포막에 쉽게 침투할 수 있다는 것이다. 그래서 작용물질의 이동과 관련하여 생물학적인 장애물을 형성할 수 있다는 것이다. 또한 나노입자가 유발하는 작용물질에 대한 생리학적인 메커니즘은 잘 알려져 있다.[93]

생필품과 화장품을 통해 사람의 신체는 나노입자와 다양하게 접촉을 한다(색소, UV 필터 등에 들어 있음). 특히, 최근에 개발된 나노입자가 함유된 화장품은 색감이 좋으며, 피부에 대한 반응이 기존의 화장품에 비해 더욱 뛰어나다는 평가를 받으면서, 가장 많이 팔리는 제품군에 속하고 있다.

인공적인 나노입자는 나노기술 산업체에서 방출되는 나노입자, 그리고 나노상품의 일상적인 활용을 통해 신체와 자연환경에 확산될 수 있다. 나노입자의 방출과 환경에 미치는 영향에 대한 장기적인 연구결과는 아직 없다. 따라서 자연적인 공간에 없는 '나노튜브'나 '플러렌' 같은 구조에 대한 폭넓은 연구가 이루어져야 한다. 이 외에 환경에 미치는 상이한 영향에 관한 연구와 분석이 요구된다. 공기의 청정도 유

---

92) 이 문제와 관련하여 처음으로 중아일보에 기사가 게재되었다(중앙일보 2007. 2.23). 한국과학기술기획평가원에서 이와 관련하여 보고서가 제출되었다.
93) 바로 이 문제로 인하여 나노의 위험문제가 논의되는 것이다. 이와 관련하여 다양한 관점이 현재 충돌하고 있다.

지와 관련해서 자동차의 바퀴에서 발생하는 '극한 미세입자'에 관한 논의가 최근 뜨거워지고 있다. 동시에 탄광이나 채굴장에서 나오는 폐수와 관련한 중금속에 의한 수질오염논의는 나노입자와 관련하여 새로운 논쟁을 이끌어 내고 있다. 나노입자가 중금속을 하천이나 여타 물속에 침전될 수 있는 가능성 때문이다.

지금까지 나노기술은 여러 가지 사회적 결과를 가져올 수 있는 문제와 관련하여 철학과 윤리학에서 어떠한 일치된 형태로 논의되지는 않고 있다. 단지 기술정책 연구와 특정한 학문 분야에서(예를 들어, 위험커뮤니케이션, 위험사회학)이와 관련한 연구가 매우 필요하다는 것에만 일치된 의견을 보이고 있다. 최근 나노기술이 사회적 영역에서 동반할 윤리적 문제점과 관련하여 근본적인 논점들이 제기되고 있다. 나노기술이 제시하는 비전과 관련하여, 사람과 새로운 기술의 개발과 그 응용으로 사람들이 만들어 내는 것에 동반되는 경계선의 붕괴가 미치는 결과에 대한 논의가 제기되고 있다. 이러한 관점은 나노기술을 이용하여 '인간의 신체를 대체시키거나 보완'하며 그리고 '기계와 인간 간의 네트워크화'를 기정사실로 가정(假定)하는 비전에서 출발한다. 이 비전은 여타 기술의 발전이 제시하는 것과 비슷한 모습을 한다. 상이한 기술 간의 융합은 기술진보와 관련한 희망뿐만 아니라, 그 결과에 대한 '암울한 결과'[94]를 폭넓게 논하도록 한다. 나노기술의 폭넓은 발전은 인간과 기계 간의 변화된 관계에 의문을 제기하는 윤리적, 정치적 문제에 대한 지속적인 연구를 통해 보완되어야 한다.

기술진보의 결실을 정당하게 이용하는 이익과 그 결과의 분배와 관련한 문제는 나노기술의 도입으로 발생한 사회적 결과이며, 특히 정치적인 행위가 요구되는 '이해충돌의 분야'가 되고 있다. 나노기술이 제

---

94) 이 표현은 학자에 따라서 또 다른 논쟁을 유발한다.

공하는 새로운 기회와 응용 그리고 분배와 관련한 문제점은 두 가지 관점에서 매우 시급하게 논해져야 한다. 하나는 '기술적으로 발달한 사회의 관점', 다른 하나는 '기술개발이 낮은 사회의 관점'에서 논해질 수 있다. 예상 가능한 '나노격차'와 관련한 두려움은 나노기술이 새로운 형태의 개인차원에서의 자기규정(의학 분야)과 국가경제의 경쟁력을 개선시키는 데 이바지할 수 있다는 것에서 연유한다. 정치적인 모든 조치는 나노기술 이용에 대한 동일한 기회의 제공과 지속적인 글로벌한 발전을 촉구한다. 또 다른 정치적인 과제는 나노기술의 발전이 동반하는 부작용을 줄이는 데 있다. 예를 들면, 새로운 진단법의 개발과 정치적인 규제를 통해 부정적 결과를 줄이는 것이다.

나노격차는 발전된 국가와 발전되지 않은 국가 간에 국가의 안보와 관련한 정치적 문제점을 발생시킬 수 있다. 나노기술의 지속적인 발전은 한 국가의 안보정책에서 정치적 협상능력을 높일 수 있다. 미국은 나노기술의 군사적 목적의 응용에 엄청난 관심을 갖고 있다. 현재 미국에서 이루어지는 나노기술 논쟁은 군사적 목적과 관련해서는 거리를 두고 있지만, 앞으로 국가안보와 관련해서 나노기술은 많은 관심을 불러일으킬 것으로 예상된다.

4. 나노기술의 인간신체에 대한 공격

여기서 논하는 인간과 기계의 관계에 대한 관점은 나노기술이 동반할 여러 버전을 좀 더 자세히 제시하는 데 있다. 중요한 논의의 관점은 의학과 보건 그리고 건강 같은 생명관련 분야에서 나노기술의 응용과 관련한 윤리적, 사회적 문제가 된다. 왜냐하면 윤리적 관점에서 인간을 위한 나노기술의 지속적인 발전은 독자적인 자아이해와 관련한 직접적인 문제를 제기하기 때문이다. 여기서는 다양한 버전과 연계된 문제는 다루지 않고, 유토피아적으로 추정되는 버전의 실현 가능성을 다루고, 각 논쟁의 모습을 간단히 그려본다.

나노기술에 대한 버전적이고 윤리적인 담론은 여타 다른 기술에 대한 기존의 담론과 연결되어 있을 뿐만 아니라, 전통적으로 논의되는 기술적인 버전 위에서 이루어지고 있다. 이러한 사실은 기술의 희망적인 모습을 주장케도 하고, 다른 한편 공포적인 기술의 모습을 강조하기도 한다. 나노기술이 전통적으로 기술과 과학이 제시한 멋진 세계를 실현시키는 기술이라는 주장은 미국과 유럽에서 수행된 정책연구의 차원에서 수용되는 모습을 한다. 이는 '미래를 여는 핵심열쇠 기술'이라는 표현에서 단적으로 드러난다. 나노는 우리에게 새로운 우주세계를 열어주고 있다. 나노기술과 생명공학은 이 새로운 우주를 현재 집중적으로 연구하고 있다. 그래서 인지 나노기술에 대한 장기적인 버전의 특성은 인류에 대한 새로운 희망으로 요약된다. 지금까지 생각하지 못한 인간존재의 유형과 형태가 여러 기술의 도움으로 실현되고, 그리고 현재의 삶의 모습을 새로운 삶의 형태로 대체시킨다는 것이다.

◆ 나노기술의 비전과 자연 그리고 기술의 관계

생명공학 분야에 나노기술의 접목과 관련한 장기적인 버전은 자연과 기술, 인간과 기계 사이를 설명하는 전통적인 사회적 논쟁과 접목되어 있다. 고대 그리스인의 정신세계는 인간을 흙으로 만들었다는 신화와 인간에게 불을 전해준 프로메테우스의 신화를 만들어 냈다. 중세와 르네상스시대에 연금술사는 자궁 밖에서 생산될 수 있는 인조인간을 만들려고 노력하였다. 유대인의 신화에 보면, 진흙으로 빚은 토우가 있는데 이것은 생명을 갖고 있는 하인의 형태로 존재하고 있다고 전해진다. 1816년 매리 쉘리(Mary Shelley)는 소설 〈프랑켄슈타인〉을 통해 죽은 자의 육체를 통해 새로운 생명체를 만들어 내는 모습을 그려내고 있다. 최근 인조인간과 비슷한 모습을 지닌 로봇에서 그 모습은 이어져 나타나고 있다. 영화 '터미네이터', '블레이드 러너(Blade Runner)'에서 나타나는 인조인간은 인간을 능가하는 여러 장점을 갖는다. 인간과 기계가 혼합된 인간존재는 '사이보그(Cyborgs)'로 표현된다. 이 개념은 신경학과 정신치료학을 연구한 크린즈(M. E Clynes)와 클라인(N. S Kline)이 1960년대에 만들어 냈다. 원래 사이보그 개념과 구조는 인간에게 이 기술과의 접목을 통해 자연의 법칙을 뛰어넘고, 우주공간으로 갈 수 있도록 하는 해방된 기술로서의 의미를 겨냥했다.[95] 기술이 뒷받침하는 탈인간화의 과정에 대한 논의에서 우주를 식민지화할 수 있다는 것이 중요한 역할을 하고 있다. 물리학자인 존 디스몬드 버날(John Desmond Bernal)은 이미 1920년대에 재료공학의 혁명을 예견하면서 새로운 문명화과정이 진행되고, 우주선의 도움으로 지구에 한정된 인간의 삶은 해방될 것으로 진단했다.[96] 그는 자신의 책 〈The World, the Flesh and the Devil(1929)〉에서 인간의 육체는 장차 기술적인 수단에 의해 급격히 변화할 것이라는 희망을 강력히 주장하였다. 그러나 대부분의 사람은 우주로 이동하지도 않고, 신체의 기술적인 변형과정에 참여하지 않을 것으로 예견했다. 이와 같은 비슷한 생각은 후에 물리학자 프리맨 다이슨(Freeman Dyson)이 제기하면서 인간이 우주로 진출하고 다양한 유적존재와 결합되는 버

---

95) Baumeler, 2002 참조.
96) Paschen, H., 외, *Nanotechnologie*, 2004, p.297 참조.

전을 다시 제시했다.[97] 다른 한편 정신과학과 사회과학에서는 기술의 진보를 통한 탈인간화 과정에 대하여 경고를 하고 있다. 하버마스, 한스 요나스 그리고 막스 호르크하이머(Max Horkheimer)를 대표적인 학자로 언급할 수 있다.

인조인간과 인간, 인간과 기계의 혼합체에 대한 공상의 이면에는 자연과 문화의 관계에 관한 논쟁이 존재한다. 인간은 자연을 오래전부터 위험한 것으로 인지하였지만, 이제 인간은 스스로 위험해지고 있다. 최근의 인간에 대한 위험은 자연에서보다는 인간자신에게서 오는 것이 대부분이다. 인간은 자연의 일부분이고, 동시에 자연을 변화시키고, 환경과 자신을 스스로 재구성하는 능력을 소유하고 있다. 이러한 능력은 자연에 대한 인간의 공격이 어느 정도까지 허락될 수 있는지에 대한 질문을 하게 한다. 이에 대한 답변은 또한 자연이 주어진 형태보다 강하고, 또는 불변적인 가치로서 이해되는가에 달려 있다. 이러한 상이한 관점의 영향은 인간의 삶 속으로 인간에 의한 기술적 공격에서 분명하게 나타난다.

인간이 점점 더 인공적인 형태가 되는 반면에, 기술은 자연이라는 모형에서 이득을 취한다. 자연은 기술에 영향을 주고 기술은 이것을 철저히 활용하는 단계로 접어들고 있다. 인간과 기계는 서로 친해지려고 애를 쓰는 것이다. 인간의 신체와 외부세계의 인터페이스는 이제 점점 원래의 고유한 의미를 잃어버리고 있다. 기계는 인간신체의 밖에서 인간신체의 요구와 인간적 인지에 더욱더 완벽하게 맞추어지고 있다. 컴퓨터가 제어하는 기계의 도움으로 사용자 개인의 습관에 철저히 맞추어지고, 현실의 적합하지 못한 모습을 없애 주고, 원하는 실제를 만들어 그럴듯하게 보여줄 수 있는 삶의 환경을 만들어 낼 수 있다.

---

97) 전게서, p.298 참조.

다른 한편 인공적인 이식(삽입)물은 외부에서 부분적으로 제어가 가능하고, 영향을 받을 수 있다. 이를 통해 인간은 새로운 여러 가지 상이한 바이오의학기술에 의해 그 모습이 각색되는 변형의 영역이 되고 있다. 인간은 시간의 흐름, 사회적 환경 같은 여타 다른 요인과 타인에 의한 교육을 통해 이루어지는 생산물의 모습을 띠게 된다. 동시에 인간은 타인이 만들어 내는 생산물이 되지 않을 권리 또한 소유하게 된다. 현재의 규범으로는 설명이 불가능한 것이다.

◆ 나노기술에 대한 다양한 비판적 시각

나노기술과 생명공학 분야에 대한 다양한 비판적 시각은 아래와 같은 관점에서 논할 수 있다.

- 생물학의 우세성: 나노기술의 생물학적 일치성은 기능성이 있는 세포요소를 만들어 내는 것에서 나타난다. 스스로 복제가 되는 나노기계의 관점과 관련한 희망과 공포는 스스로 복제되는 생물체의 특성에서 연유하는 것이다. 생물체는 더욱더 효능이 있고, 환경의 조건에 잘 적응한다는 차이점이 이러한 논의와 비판의 토대가 되고 있다.[98]
- 방법론적 일방성: 나노기술은 예컨대 '분자 기계'의 형태로 작게 만들 수 있다는 버전을 제시한다. 그러나 이를 통해 미래에 가능한 모습을 각색하고 설명하는 다양한 부정적 기술을 논의에서 감추고 있다는 것이다.[99]

---

98) Whitesides 2001, 참조.
99) Bachmann 1998, 참조.

- 방법론적 부족: 기술을 신뢰하는 컨셉은 간단하게 나노의 척도로 전이될 수 없다. 버전형태로 서술되는 나노기계는 마크로스코프적인 기계와 비슷하게 컨셉화되어 있다. 또한 열역학 운동법칙에 의해 변화가 심하고, 화학적 반응을 하며 물리법칙을 철저하게 따르는 영역에서 작동한다. 그러나 이렇게 제시된 관점은 응용이 매우 어렵다.[100]

비판적인 항변은 미래적인 형태로 제시되는 자연적 '나노기계'의 존재와 모습에 이의를 제기한다. 이와 관련하여 제기되는 질문 가운데 하나는 자연에서 세포조직과 이와 비슷한 기능을 갖는 구조가 창조될 수 없었다고 해서, 왜 사람에게는 이것이 불가능한 것인가라는 것이다. 비판의 영역에 있는 대부분의 장기적인 비전은 생물학적인 형태의 나노기술의 개발 가능성이다. 이 외에 비판자들이 강력하게 제기하는 이의는 바로 나노기술은 오늘날의 기계와 같은 동일한 표준에 따라 판단될 수 없다는 것이다. 나노기계는 그 배열이 매우 복잡한 현재의 생물체와 비슷하게 될 것이라는 것이다. 현재 벌써 이와 같은 나노차원의 능력이 일정한 영역에서 활용되고 있다.

인간신체에 대한 개입이 어느 정도까지 가능할까? 윤리적 관점에서 생명공학에 접목되는 나노기술의 지속적 발전은 무엇보다도 인간의 자체에 대한 이해 그리고 인간신체에 대한 보다 효과적인 개입과 관련한 문제를 제기한다. 나노기술은 인간의 신체를 근본적으로 새롭게 형성시킬 수 있다는 관점을 제공하기 때문이다. 실제로 나노기술과 줄기세포기술로 만들어 낼 수 있는 조직과 기관이 성공적으로 연구되고 있다. 나노기술이 접목되어 삽입된 이 기관은 인간의 오관기능을 다시

---

100) Bachmann 1998; Whitesides 2001, 참조.

만들어 내고, 확대시키는 데 적합하다. 또한 중앙신경시스템에 영향을 가하는 데 적합하다. 논의되는 것은 순전히 기술적인 조직과 인간의 생물학적 특성과 외부의 영향에 보다 효과적으로 민감하게 반응할 수 있는 신체부품의 생산이다. 그래서 다양하게 제기되는 문제는 신체의 변형과 구조물 삽입을 어느 정도까지 허락할 수 있느냐는 것이다.

자연을 변화시키고, 자신을 변화시키는 힘은 인간의 존재적인 것에 속하는 것이다. 인간의 특성에 속하는 보조재료의 활용은 인간의 어느 부분에서 그것을 가능토록 할 수 있을까? 인간존재의 불변적인 정의가 가능하다면, 인간존재는 시간이 흐르면서 변화되는 범주에는 속하지 않는 것일까? 인간은 진화에서 나타난 마지막 지혜의 존재가 아니라는 주장과 싸우면서 인간 자신을 보존하는 싸움을 전개해야만 한다. 인간 신체의 자연성은 이미 오래전에 예를 들어 '유전공학'의 차원에서 문제가 되었다. 나노기술은 최근의 바이오 및 유전공학기술에 비해 더 높은 정도로 인간의 신체를 '탈인간화'시키는 관점을 제시한다.[101]

인간신체에 대한 치료적인 목적에서의 기술개입은 폭넓게 수용되고 있다. 문제가 되는 것은 무엇보다도 인간 개인을 변화시키는 기술의 영향이다. 그 예로 인간의 기억력에 영향을 미치는 나노기술이 삽입된 물질을 들 수 있다. 이제 나노기술과 여타 기술의 경계선을 없애는 것은 어렵지 않게 되었다. 예를 들어, 특정한 의약품의 제공과 신경외과적인 수술은 인간의 기억력과 자아정체성에 현저한 영향을 미칠 수 있기 때문이다. 다만 문제가 되는 것은 어떤 인간의 특성이 논의의 대상이 되느냐는 것이다. 인간의 특성을 이해하는 데 필요한 핵심적인 요소는 문화적 맥락보다는 오히려 주로 특정한 인간적인 공동생활에 달려 있다. 이러한 공동생활의 요소로 인간의 삶에 운명적인 영향을

---

101) Schaber 2002, 참조.

가하는 '공정성', '정당성', '신뢰도' 등을 꼽을 수 있다. 그럼에도 불구하고 인간에 대한 인간의 행위를 더욱더 정교하게 촉진시키기 위하여 사회는 자율적이며 성숙한 모습과 관련한 위험을 감행한다.[102]

나노기술이 인간을 둘러싸고 있는 환경을 보다 지능적이고, 탄력적이며 그리고 인간 친화적으로 만들어 낼 수 있다면, 이러한 논의에서 인간의 존재에 대한 이해와 관련된 문제가 논쟁될 수 있다. 하버마스는 치료를 위한 것과 능력을 개선시키는 개입 간의 경계는 개념과 실제적인 근거에서 볼 때 불분명하다는 것을 지적하고 있다. 실제적으로 현재 개념적으로 '건강함'과 '아프다'의 차이는 명백히 설명되지 못하고 있다. 자유주의적 위생학을 대변하는 학자들은 치료 측면의 개입과 개선 측면의 개입 간의 경계를 인정하지 않고, 특성을 변화시키는 개입의 목적을 선택하는 것은 시장과 관련한 개인의 우선권에 위임한다는 측면을 중시한다. 치료와 개선 간의 차이와 경계선이 무너지고 있음에도 불구하고 많은 것들이 여전히 이러한 범주에 속하는 것을 볼 수 있다. 치료와 개선(성형 수술 또는 유전자의 변형 등을 말함) 간의 경계적인 이행 영역에서 사회적 결정이 필요해지고 있음을 볼 수 있다.[103]

개선은 단순히 치료자의 관점이 아니라, 사회적 영향의 관점에서 관찰할 수 있다. 이러한 개선의 방법이 모든 사람에게 가능하게 될 수 있을까? 건강보험 시스템은 이것을 지불할 수 있을까? 어떠한 것이 개인에게 문제가 되는가? 개선의 형태는 잠재적으로 엄청난 사회적 불균형을 만들어 낼 수 있다. 사회적으로 원하지 않는 개선이 동반하는 문제점은 많은 관점을 고려하도록 요구한다. 이러한 문제와 관련한 대답은 집중적인 토론을 요구한다. 이 개선이 상이한 사회의 조직체

---

102) Schirrmacher 2001b, 참조.
103) Schaber 2002, 참조.

사이의 자원 재분배에 결정적인 영향을 주면, 이에 대한 규제의 문제가 무엇보다도 요구된다.

인간과 개인 간의 개념적 차이는 인간 신체에 대한 개입과 관련한 문제를 설명하는 데 일정한 공헌을 할 수 있을까? 인간은 인간 자체를 규정토록 하는 생물학적인 특성의 존재를 통해 특화된다. 이와는 반대로 개인은 특별하며 독특한 문화적 특성과 능력을 소유한다. 독일의 철학자 칸트는 모든 이성적 존재에 존엄성을 부여하고 있다. 이 존엄성은 자연법칙으로부터 독립적이고, 자유로운 모습을 표현하는 것이다. 이러한 존재는 목적 자체로서 존재한다. 개인은 사회적인 공간에서 자신의 존엄을 성취하고 보존한다. 그래서 인간은 개인이 되도록 또는 개인으로 발전하는 것을 방해받아서는 안 된다는 것을 묵시적으로 인정한다. 개인은 인권헌장에서 보듯이 합리적이고, 도덕적인 특성으로 그 핵심을 나눈다. 개인에 인간의 모습이 반드시 관계되어야 하는가? 나노기술의 비전은 한 부분에서는 기술적으로, 다른 부분에서는 생물학적인 물체가 개인의 위상을 요구할 수 있는지를 문제점으로 다시 제기한다. 이와 관련하여 기계와 생물학적인 특성이 혼합된 사물에 대하여 개인의 특성을 부여해야 할지가 논쟁점으로 작용한다. 이러한 문제는 나노기술의 지속적인 발달에 따른 응용 영역의 확대로 폭넓은 논의와 설명을 요구한다.

자연과학적 관점에서 인간의 신체는 생물학적 기계로 간주된다. 최근 들어 신체의 구조와 그 세부 기능은 점점 더 자세히 밝혀지고 있다. 이를 통해 '기능장애(병)'가 좀 더 효과적으로 치료되며, 신체적 완벽성과 건강에 대한 요구가 높아진다.

'건강하다'는 건강 개념은 절대적으로 완벽하게 정의된 것이 아니다. 세계보건기구는 건강을 '신체적으로, 정신적으로 그리고 사회적으로 완전한 안녕의 상태'로 정의하면서, 병이 없거나 또는 장애가 부재한 상태로만 정의하지는 않는다. 이 정의에 따르면 늙는다는 것 역시 병으로 간주된다. 나노와 관련된 희망의 하나는 늙는다는 부정적 현상을 완화시키고, 인간의 생존연령을 현저하게 높이는 것이다. 이러한 유형의 희망은 '전환된 인간'을 포괄할 뿐만 아니라, 나노기술에 대한 이데올로기적이고 환호적인 옹호를 이야기하는 것이다. 그래서 얼마 지나지 않아 인간이 200살까지 살게 되며, 활동적이고 존엄한 삶을 살아가게 될 것이라는 것이다. 신체적이고, 지적인 기능과 미적인 모습은 매우 높은 사회적인 위상을 갖게 해 주기 때문에, 집중력을 개선하고 피부의 노화를 방지하는 제 조치를 '건강적인 조치'로 이해될 수 있다. 새로운 기술의 가능성을 통해 인간의 신체는 점점 더 '수리가 필요한 생물학적 기계'로 간주된다. 나노기술은 이러한 관점을 더욱더 강조한다.

　나노기술의 응용 영역인 건강과 보건 영역에서 인간과 기계의 관계에 대한 또 다른 관점은 나노기계에 대한 버전에서 나온다. 에릭 드렉슬러의 관점에 따르면 나노기계는 의학을 혁명적으로 변화시킬 것이라는 것이다. 지금처럼 여러 병을 퇴치하려고 싸우는 대신에 나노기계는 신체 속에서 최적의 건강상태를 지속적으로 유지시키도록 감시하는 모습을 한다는 것이다. 그럼에도 응급적 상황이 발생한다면 신체조직은 상황을 분자수준까지 추적해 보는 '바이오슈타지(생물학적 공안요원)'에 의해 치료된다. 이렇게 보존되는 신체는 적합한 시점에 다시 깨어나도록 하는 모습을 가질 수 있다는 것이다. 이러한 방식으로 영원한 삶의 비전을 가능하게 만드는 것이다.

　1991년에 출간된 드렉슬러와 피터슨(Drexler and Peterson)의 저서 〈실험적인 미래(Experimental Future, 1991)〉에서 제시된 메디컬 시나리오는 나노기계에서 출발한다. 이 나노기계는 세포보다 작고, 생물학적 조직을 포괄적으로 조작할 수 있는 상태로 존재한다. 이러한 방법으로 짧은 기간에 상처를 치료하고 또는 '병으로서의 노화'를 극복할 수 있다는 것이다. 오늘날의 비교적 정확하지 않은 의학치료의 제 방법은 더 훌륭한 설계와 특정한 목적을 겨냥한 방법으로 대체될 수 있는 것이다. 이러한 방법의 발전은 따라서 아직까지는 그것의 실현가능성이 증명되지는 않은 기술적 진보를 가져올 것이다. 그리고 인간신체의 기능에 대한 좀 더 섬세하고 정확한 지식이 요구된다. 이러한 학술적 확인은 장기적으로 '나노 잠수함'이라는 버전과 관계된다. 이 나노 잠수함은 인간의 혈관을 정찰하면서, 의약품을 목표에 맞게 잘 조제하고, 부작용 없이 병든 조직에 전달할 수 있다는 것이다.

28명의 전문가를 대상으로 조사한 한 설문조사에서 21명의 전문가는 2031년에 이러한 기계가 의학 분야에 응용될 것으로 전망하고 있다. 현재까지 '나노로봇'에 대한 통일된 개념은 없지만, 특정한 목적을 수행하는 간단한 생물학적 구조를 가진 나노로봇은 예상보다 빠르게 실현될 것으로 보고 있다. 분자형태의 기계구조가 만들어질 수 있는지의 여부에 관한 판단은 이 개념이 어떻게 해석되느냐는 것에 달려 있다. 나노크기의 생물학적이고, 인공적인 분자모터의 기능을 분석할 수 있느냐 하는 문제는 현재 논쟁점으로 부각되고 있다. 특정한 목적을 겨냥한 인공적인 모터의 생산은 화학적 합성을 통해 더욱 잘 이루어질 수 있다. 현재 기초연구로 간주되었던 이 부분은 현실이 되고 있다. 현재 그 실현성에 관한 다양한 논쟁이 이루어지면서 동시에 이러한 실현의 문제점에 대한 학술적 회의 또한 심층적으로 개최되고 있다.

≪ 참고문헌 ≫

Abbey, D. E., Nishino, N., McDonell, W. F., Burchette, R. J., Knutsen, S. F., Beeson, W. L., Yang, J. X., Long term inhalable Particles and other Air Pollutants related to Morality in Nonsmokers, in Am. J. Respir. *Crit. Care Med.* 159, 1999, pp.273－382.

Altmann, J., Gubrud, M. A, Risks from Military Uses of Nanotechnology － The Need for Technology Assesssment and Preventive Control, in Rocoo, M. C., Tomellini, R.(eds.), *Nanotechnology － Revolutionary Oppertunities and social Implications.* 2002 Luxemburg, pp.144－148.

Arnall, A. H., Future Technologies, Today's Choices. Nanotechnology, Artificial Intelligence and Robotices; A technical, political and institutional map of emerging technologies. A report for the Greenpeace Environmental Trust, 2003. London.

Bachmann, G., *Innovationsschub aus dem Nanokosmos － Technologie anlayse.* VDI － Technologiezentrum Physikalische Technologien, Abteilung Zukuenftige Technologien, 1998 Duesseldorf.

Basics, Nanotechnologie in der Medizin. Resultate des Technology Forcasting. Bericht zuhandeln der Begleitgruppe im Rahmen einer Studie im Auftgrag des Zentrums fuer Technologien － Abschaetzung, 2003. Bern/Zuerich.

Basler & Hofmann AG, *Nanotechnologie und Life Sciences.* 2002. Zuerich.

Baumeler, C., Die Geburt des Cyborg, in *Bulletin ETH* Zuerich Nr. 286.

Bild der Wissenschaft, Heiligs Blechle － Nanotechnologie. Heft 9. 2002.

BMBF, *Biotechnologie － Bais fuer Innovationen.* Bonn 2000.

BMBF, *Systeme des Lebens: Systembiologie*. Bonn 2002.

BMBF, *Proteomforschung: Die Werkzeuge des Lebens nutzen*. Bonn 2003.

BMBF, *Entschluesselung und Nutzung von Bakterien-Gen: GenoMik-Genomforschung an Mikroorganismen*. Bonn 2003.

Boeing, Niels., *Nano?: Die Technik des 21. Jahrhunderts*. Berlin 2004.

Boeltau, M., *Technologieanalyse Quanteninformationstechniken*. VDI-technologie zentrum, Schriftreihe Zukunftige Technologien Nr. 30, 1999, Duesseldorf.

Borm, P., Munich Workshop on Evaluation of Fiber and Particle Toxicity: An Introduction, in Inhalation Toxicology 14(1), 2002.

Borrman, N., *Frankenstein und die Zukunft des kuenstlichen Menschen*. 2001. Kreuzlingen/Muenchen.

Dosch, Hans Guenter., *Jenseits der Nanowelt*. Heidelberg 2005.

Drexler, K. E., Peterson, C., *Experiment Zukunft-Die Nanotechnologische Revolution*, 1994 Bonn.

Drexler, K. E., *Engines of Creation-The Coming Era of Nanotechnology*, 1986 Oxford.

Drexler, K. E., Nanosystems: *Molecular Machinery, Manufacturing, and Computation*, 1992 New York/Chichester/Brisbane/Toronto/Singapore.

ETC group, Nanotech Un-gooded! Is the Grey/Green Goo Brouhaha the Industry's Second Blunder?(http://www. etcgroup.org/article)

European Commission, Nanoscience and Nanotechnology in the Research Programmes of the European Community.
(http://www.cordis.lu/nanotechnolgy)

Feynmann, R. P., (http://www.zyvex.com/nanotech/feynmann)

Fraunhofer-Institut Systematik und Innovationsforschung(FhG-ISI), Anwendungspotenziale der Nanotechnologie im Bereich der Informations-und Kommunikationstechniken(저자: Friedwald, M.). Karsruhe 2002.

Gershenfeld, N. A., Chuang, I. L., Fluessige Quantencomputer, in *Spektrum der Wissenschaft* 8, 1998, p.54−59.

Glimell, H., Dynamics of the Emerging Field of Nanoscience, in Rocoo, M.C., Bainbridge, W. S., *Societal Implications of Nanoscience and Nanotechnology*, 2001, pp.156−160.

Habermas, J., *Die Zukunft der menschlichen Natur: Auf dem Weg zu einer liberalen Eugentik?*, 2001 Frankfurt/M.

Hamilton, S., Taking Moore's Law Into the Next Century, in *IEEE Computer* 2(1), pp.43−48.

Hullmann, A., *Internationaler Wissenstransfer und technischer Wandel*, 2001 Heidelberg.

IBM, http://zurich.ibm.com

INT, *Institut fuer Nanoetchnologie 1998−2001*, Forschungszentrum Karlsruhe, 2001 Karsruhe.

ITRS, *International Technology Roadmap for Semiconductors*, 2001.

Joy, B., Why the Future doesn't need us, in Wired, April 2000 (http://www.wired.com/wired).

Kleiner, K., Hogan, J., How safe id nanotech?, in *New Sceintist* 29 (March 2003), pp.14−15 참조.

Kolo, C., Christaller, T., Poeppel, E., . 38, 1999 Heidelberg.

Koehler, M., *Nanoetchnologie−Eine Einfuehrung in die Nanostruktur technik*, 2001 Weinheim.

Levy, P., *Die kollektive Intelligenz−fuer eine Anthropologie des Cyberspace*, 1997 Mannheim.

Manyusiwalla, A., Daar, A. S., Singer, P. A., "Mind the Gap": Science and ethics in nanotechnology, in Nanotechnology14/3(Online 저 널) http://www.iop.org

Mossmann, B. T., Bignon, J., Corn, M., Gee, J. B, Asbestos: sientific developmentsand implications for public policy, in *Science 247*, pp.294－301.

Myhrvold, N., Ein Gewehr verwandelt uns nicht in einen Killer, in *Schirrmacher* 2001a, pp.78－89.

Nanobio, Nanobiotechnologie(http://nanobio.de)

Paschen, H. 외, *Nanotechnologie*, 2004 Heidelberg.

Pope, C., Burnett, R. T., Thun, M. J., Calle, E. E., Krewski, D., Ito, K., Thurston, G. D., Lung Cancer, Cardiopulmary Mortality, and long－term Expourse to fine particulate Air Pollution, in *JAMA 287(9)*, 2002, pp.1132－1141.

Schaber, P., 스위스 쥐리히 대학의 윤리학 교수. 율리히 강의록에서 발췌함. 2002.

Schirrmacher, F., *Die Darwin* AG, 2001 Koeln.

Smalley, R. E., (http://www.house.gov/science/smalley)

SUVA *(Schweizerische Unfallversicherungsanstalt)*, *Asbest und andere faserfoermige Arbeitsstoffe－Gesundheitsgefaehrung und Schutzmass nahmen*, 1998 Luzern.

VDI, *Technologieanalyse: Nanoroehren, Technologiefruehererekennung.* VDI －Technologiezentrum Physikalische Technologien, Abteilung Zukuenftige Technologien, 1998 Duesseldorf.

Whitesides, G. M., Lernen von der aeltesten Nanomaschine, in *Spektrum der Wissenschaft* Spezial 2(Nanotechnologie).

Yablonovitch, Halbleiter fuer Lichtstrahlen, in *Spektrum der Wissenschaft* 4, 2002 pp.66－72.

7장

나노기술에 대한
위험인지: 실험적 연구

비데만(Wiedemann) /

슈츠(Schuetz)*

---

* 비데만과 슈츠는 독일 율리히(Juelich)의 헬름홀쯔 연구센터(Helmholz Forschungszentrum)의 '인간, 환경, 기술(MUT)'에서 위험커뮤니케이션을 연구하고 있다. 비데만 박사는 이 연구소의 소장이며, 슈츠는 연구원이다. 다양한 위험연구를 할 수 있도록 지원해 주는 두 분께 감사드린다.

1. 도 입

나노기술은 21세기의 핵심기술로 간주된다(Paschen et al., 2003). 그러나 동시에 이 기술에 대한 평가와 응용에 대한 의견은 다양한 모습을 하고 있다.[104] 핵심기술로 평가하는 사람들은 나노기술이 갖고 있는 다양한 응용을 강조한다. 나노기술은 매우 작은 칩에 더 많은 정보를 담게 하는 전제조건을 만들어 내고, 폐수의 정화에 효과적이고, 광합성을 가능케 하는 창문의 설치와 자동차 산업에 필요한 신소재를 제공하고, 인간의 생명연장과 건강에 필요한 인공기관의 생산을 가능케 한다는 관점에서 그 의미가 강조되고 연구의 정당성을 갖는다(BMBF 2004 참조). 이러한 장점을 강조하는 나노기술의 산업적 차원이 강조되는 반면에 동시에 이 기술이 동반할 위험에 대한 논의 역시 엄청난 관심을 불러일으키고 있다.

2000년에 빌 조이(Bill Joy)는 잡지 '와이어드(Wired)'지에 그레이구(Gray Goo)라는 공포감을 주는 시나리오를 게재하였다. 이 글에서 조이는 모든 생명체가 나노물질로 전환되면서 이루어지는 참담한 모습을 그리고 있다. 마이클 크라이크톤(Michael Crichton)은 소설 'Beute'에서 끔찍한 시나리오를 제시하였다. 군사적 목적으로 개발된 나노로봇이 실험실에서 도망을 친후 인간을 공격하는 모습을 그리고 있다.

유럽에서는 유전자공학 기술의 문제점에 대한 공적인 논쟁을 불러일으키는 데 기여한 민간기구 이티시 그룹(ETC-Group, ETC 2003), 영국의 디모스 그룹(Demos Group, 2004) 그리고 그린피스(Arnall 2003)가 나노기술의 잠재적 위험을 논하고 있다. 이러한 논의는 위험

---

104) 나노기술은 나노미터의 물질을 분석하고, 처리하는 상이한 여러 기술을 부르는 상위 개념이다. http://www.bmbf.de/de/nanotechnologie.php.

인지에 대한 문제를 다시 제기하고 있다. 나노기술의 위험을 경고하는 비판적인 목소리가 여론과 공중의 공명을 불러일으키고 있는가? 나노기술과 관련한 위험공포는 어떻게 형성되고, 어떻게 평가되고 있는가? 새로운 기술에 대한 위험논쟁은 항시 새로운 위험인지와 평가문제를 제기하면서 새로운 차원의 논쟁을 끌어내고 있음을 볼 수 있다.

2. 이론적인 배경과 가설

나노와 관련한 위험인지 연구는 이제 시작단계에 있다. 독일에서는 1004명을 표본으로 한 나노 관련 위험인지 설문조사가 있다(KOmm Passion 2004). 이 연구는 나노기술에 대한 인지도가 매우 낮고, 나노에 대한 위험인지는 전혀 형성되어 있지 않다는 사실을 제시하고 있다. 영국에서는 왕립학회(Royal Soiety)의 위탁으로 비엠알비 인터네이셔널(BMRB International, 2004)이 1,005명을 대상으로 설문조사를 하였고, 그 결과 역시 유사한 모습이었다. 극소수의 사람이 나노의 위험을 지적하였다. 미국에서도 연구가 이루어지고 있는데, 3909명을 대상으로 한 인터넷 설문조사(Bainbridge, 2002)는 나노기술이 공중과 여론에서 긍정적인 모습을 하고 있다는 결과를 제시하고 있다. 단지 설문자의 9%만이 위험하다는 것에 동의하고 있다. 21세기에 가장 강력한 기술인 로봇, 유전공학, 그리고 나노기술은 인간을 위협한다고 생각하고 있다.

쇼이플레(Scheufele, 2005)는 나노기술의 편익과 위험에 대한 평가를 위하여 전화설문조사를 하였다. 응답자(N=706)의 약 16%가 나노기술을 알고 있었고, 전체적으로 위험보다는 편익을 강조하였다.

나노기술인지와 관련한 이러한 데이터는 코브와 매코브리(Cobb & Macoubrie)의 연구에서 상세히 제시되었다. 이 두 사람은 2004년에 1536명을 대상으로 표본설문조사를 하였다. 이 연구는 피설문자의 80%가 나노기술에 대해 '전혀 듣지 못했다', '조금 들었다'고 응답하였다. 그럼에도 다수의 사람은 위험보다는 나노기술이 새로운 기회를 제공한다고 보았다. 연구결과에서 38%는 위험과 기회가 동일하고, 40%는 위험보다는 기회가 많은 것으로, 22%는 위험이 더 크다고 보았다. 동시에 학문에 대한 평가와 밀접한 관련이 있다는 것이 결과로 제시되었다. 피조사자 가운데 학문이 문제를 해결할 수 있다고 믿는 사람은 나노기술에서 더 많은 기회가 있는 것으로 보고 있다. 동시에 약 70%의 사람이 나노기술에 관해 긍정적인, 즉 희망적이었고, 80%는 나노기술과 관련하여 어떠한 걱정도 하지 않는다는 모습을 보였다. 이 분석은 희망, 걱정 그리고 학문에 대한 믿음이라는 세 가지 요인이 위험인지에 가장 큰 영향을 미친다는 사실을 제시하고 있다. 이 외에도 피설문자의 60%는 나노기술을 비즈니스하는 기업가가 나노의 위험을 줄이는 데 별다른 큰 관심을 보이지 않는다는 믿고 있다.

이 설문조사는 현재 편익과 관련된 인지가 위험보다는 훨씬 크다는 사실을 밝혀주고 있다. 특정한 위험 시나리오를 제시하지 않고 위험에 대해 물어본 설문조사에서 비판적인 사실을 확인할 수 있다. 이러한 연구방법은 나노기술에 대해 전혀 알지 못하고, 의견이 없는 피설문자에게 이 분야에 대한 말을 하도록 한 것은 문제가 있다는 것이다. 그래서 평가는 거의 사회적인 소망과 설문지의 포맷에 좌우된다는 것이다. 우리는 나노기술에 대한 낮은 인지도로 인해 위험평가 시 일반인들이 주변적인 자극요인에 영향을 받는다고 생각하고 있다. 즉 일반인은 평가 시 단지 잠재적인 부정적인 위험만을 평가한 것이 아니라, 학문에 대한 자신의 관점과 희망, 그리고 산업체가 이 나노기술에 책임 있는 모습을 해야 하는지에 대한 평가를 함께한 것이다. 그래서 우리의 연구에서도 폭넓게 편익가치가 나노기술의 위험인지에 영향을 주는지 그리고 나노 산업체의 독특성이 위험인지에 영향을 주는지를 검증하였다. 그래서 다음과 같은 가설을 설정하였다.

가설 1: 나노기술의 위험인지는 나노기술의 편익평가에 영향을 받을 것이다.

피시호프 등(Fischhoff et al., 1978), 하딩과 아이저(Harding & Eiser, 1984) 그리고 알하카미와 슬로비치(Alhakami & Slovic, 1994)의 연구는 편익인지와 위험인지 사이에 반비례 관계가 있음을 발견하였다. 편익을 낮게 평가하면 할수록 위험인지는 높았고, 그 반대는 정반대의 결과를 제시하였다. 이러한 일반적인 관계는 생명공학기술의 다양한 응용 영역에 대한 일반인의 평가에서도 나타났다. 가스켈과 그 동료(Gaskell et al., 2003)는 유럽바로메터 2002에서 의생명공학과 농생명공학에 대한 편익과 위험평가가 차이가 난다는 사실을 발견하였다. 이것은 사바도리(Savadorie et al.)와 스췌베르그(Sjoeberg, 2004)의 연구에서도 동일하게 나타났다. 가스켈과 그 동료(2004)는 이러한 사실 외에 농생명공학에 대한 거부는 바로 낮은 편익인지와 관련이 있다는 사실을 증명하였다.

파이누케인 등(Finucane et al., 2000)은 기술에 대한 편익에 대한 정보의 습득을 통해 그 기술에 대한 위험판단에 영향을 미칠 수 있다는 것을 제시하였다. 또한 한 기술의 위험에 대한 정보를 통하여 편익인지가 영향을 받을 수 있다는 것을 증명하였다. 그래서 나노기술을 여러 응용 분야에 연결시키면 상이한 위험인지가 나올 것으로 기대하였다. 의생명공학의 결과에 유추하여 나노기술의 의학적인 응용은 가장 낮은 위험인지를 나타낼 것으로 보인다. 나노기술이 환경에 효과적인 편익이 있다는 것과 결합되면, 단순히 경제적인 편익이 있다고 간주되는 것보다 낮은 위험인지를 제시할 것으로 예상하였다.

　　가설 2: 나노기술의 위험인지는 나노기술이 접목되는 사회적 맥락에 영향을 받을 것이다.

이 가설의 출발점은 위험문제에 대한 프레임을 이용하여 연역할 수 있는 증명된 다양한 효과이다. 또한 손해 대 이득의 의미에서 다양하게 서술하는 위험문제는 효과적(Tversky & Kahnemann 1981; McNeil et al. 1982)이라는 관점, 위험문제에 대한 감성적인 채색(Johnson & Tversky 1983; Sandman et al. 1993)을 연구한 연구결과가 그 출발점이 되고 있다. 율리히 연구소에서 독자적으로 행한 연구결과 역시 감성적으로 다르게 채색된 맥락과 연계되었을 때, 상이한 위험판단을 끌어내었다(Spangenberg 2003; Wiedemann, Clauberg & Schuetz 2003). 이 실험에서 객관적으로 동일한 피해결과를 서술한 스토리에 두 가지 버전을 제시했다. 하나는 화(격분을)를 나게 하는 것이고, 다른 하나는 관용(관대하게 보아줌)이었다.

이 연구는 동일한 피해가 있는 위험의 판단에 영향을 미친다는 효과관계가 있다는 분명하고 통계적으로 유의미한 결과를 제시하였다. 화(격분) 스토리를 판단한 피조사자는 관용스토리를 받은 피조사자에 비해 평균적으로 높은 위험영향평가를 제시하였다.

3. 방법론

◆ 개 요

본 실험은 3×2의 요인과 함께하는 조사 설계에 기초하고 있다. 첫 번째 요인은 나노기술의 편익과 관련되었다. 두 번째 요인은 나노기술을 이용하여 이득을 취하는 기업의 특성과 관련되었다. 요인 1은 (1) 건강에 편익을 제공함, (2) 경제적 편익, (3) 환경에 편익을 줌과 관련되었다. 이것은 상이한 편익인지에 초점을 두었다. 건강, 일상적인 생필품의 영역에서 나타나는 새로운 시장진출 가능성 그리고 환경을 보호할 수 있다는 편익이 핵심에 있었다. 요인 2인 기업의 특성은 (1) 거대 다국적인 기업, (2) 중소기업으로 나누었다.

◆ 표본추출과 실행

2005년 3월에 조사가 이루어졌다. 조사는 인스부르크대학의 학생과 인스부르크 알프스 위험관리센터의 직원을 대상으로 이루어졌다. 전체적으로 194명이 이 조사에 참여하였고, 153명은 여성, 41명이 남성이었다. 피실험자의 연령은 19~60세였으며, 평균은 21살이었다. 피조자의 87%는 모두 아비투어(Abitour)[105]를 치렀으며, 25%는 대학을 졸업하였다. 조사는 인스부르크 대학과 알프스 위험관리소에서 이루어졌다.

---

105) 독일의 대학입학(Allgemeine Hochschulreife)자격시험.

◆ 조사자료와 조사설계

3×2 요인조사 설계에 따라 여섯 가지의 요인을 결합시킨 텍스트를 피조사자에게 제시하였다. 우선 피조사자는 동일한 기본텍스트를 읽도록 받았다. 그 내용은 다음과 같다.

> 나노기술은 1억분의 1미터 영역에서 이루어지는 기술이다. 사람의 머리카락은 약 80만 나노 정도로 두껍다고 비교할 수 있다. 나노기술은 나노미터의 소재를 만들고, 처리하는 것과 관계된다. 동시에 각각의 원자와 분자에 직접 영향을 주고, 이것을 변화시킬 수 있는 필요한 도구가 탐구되었다.

이것을 읽은 후에 피조사자는 편익의 내용이 있는 텍스트와 기업적 특성이 있는 텍스트를 받았다. 각 피조사자는 6개의 요인을 결합시킨 텍스트 가운데 하나를 읽었다.

〈표 7-1〉 텍스트의 구성

요 인	텍스트의 구성형태
	건강과 관련한 이점: 나노상품은 의학 분야에 점점 더 활용될 것이다. 2010년에 의약품의 전반이 바로 이 나노기술에 기초하여 생산될 것으로 예상된다. 가장 기대를 모으는 것은 바로 암을 퇴치할 수 있다는 희망이다.
요인 1: 편익	경제적인 이점: 현재 벌써 나노입자는 선크림, 화장품, 의류상품, 테니스 용품, 디스플레이, 소독제 그리고 접착제 등에 들어 있다. 이것은 시작일 뿐이다. 경제전문가들은 2005년에 이미 나노상품이 세계시장에서 9천억 달러가 될 것으로 예상하였다.
	환경에 이용되는 장점: 나노기술을 이용하여 환경 친화적이고, 에너지 절약을 개선시키는 새로운 자재를 만들어 낼 수 있다.

요 인	텍스트의 구성형태
요인 2: 기업에 미치는 장점	거대기업: 나노기술은 단지 IBM, GM, 듀퐁(Dupont)같은 거대기업에만 유리한 기회를 가져다줄 것이다. 거대기업을 더욱더 크게 만들어 줄 것이다.
	중소기업: 나노기술은 중소기업이 거대기업에 대항하여 시장을 지속시킬 수 있는 기회를 제공한다.

이후에 피조사자는 여섯 가지 위험시나리오의 확률(표 6-2에 제시함)을 판단토록 하였다. 이 평가와 관련하여 100스칼라비율로 평가하는 방식을 사용하였다. 예상되는 위험을 둘러싼 논쟁에서 제시된 전형적인 것을 선택하였다.[106] 시나리오 A와 B는 건강과 환경위험에 정향되었고, 시나리오 C, D, E는 공상과학의 위험 그리고 F는 불명확한 위험에 정향되었다.

<표 7-2> 판단의 대상이 된 위험 시나리오

시나리오 A	일반적으로 무해한 소재이지만 초미세의 나노입자로 전환되었을 경우에, 이것을 사용한 사람의 건강을 해치고, 독성을 갖는다.
시나리오 B	나노입자는 환경파괴에 결정적인 영향을 미칠 것이다.
시나리오 C	볼 수 없는 매우 작은 로봇인 나노로봇이 통제에서 벗어나고, 인간을 위협한다.
시나리오 D	나노시스템은 생명이 있는 유기체에 녹아들어간다. 이것은 인류의 종말을 의미한다.
시나리오 E	나노기술은 인간과 기계가 결합된 혼성유기체를 발생시킬 수 있다.
시나리오 F	나노기술은 인간과 환경을 해치는 현재는 불명확한 위험을 끌어낼 수 있다.

---

106) 이 작업은 van Est. et al. 2004에 크게 의존하였다.

4. 연구 결과

〈표 7-3〉은 여섯 가지 시나리오에 대한 확률평가를 제시하고 있다. 불명확한 시나리오의 평균 확률은 제일 높았고, 공상과학에서 나오는 시나리오는 가장 낮았다. 건강과 환경위험은 그 중간에 위치하였다.

〈표 7-3〉 각 시나리오에 대한 확률평가

위험 시나리오	N	언급 수	평균치	최저치	최고치
독극물	194	25	33.4	0	100
환경파괴	194	35	38.5	0	100
나노로봇의 위협	193	1	9.5	0	90
나노시스템의 용해	193	10	20.6	0	100
혼성유기체	193	1	8.9	0	90
불명확한 위험	194	60	54.4	0	100

두 가지 실험요인인 '나노기술의 편익'과 '기업의 크기'를 테스트하기 위하여 비파라미터 테스트로 계산을 하였다. 그 이유는 상이한 위험 시나리오에 대한 답변분포도의 편차가 심하고 정상분포의 전제조건을 충족시키지 못하기 때문이다. 이 테스트는 6개의 시나리오를 각각 계산하였다.

나노기술의 편익 요인은 위험시나리오의 확률평가에 유의미한 영향을 주지 않았다. 나노기술이 건강, 환경 그리고 시장잠재력의 편익을 제시하느냐는 위험평가에 영향을 주지 않았다.

〈표 7-4〉 나노기술의 편익이 위험시나리오의 판단에 미치는
효과(Kruskall-Wallis-Test를 사용함)

위험 시나리오	x	df	p
독극물	2.7017	2	0.259
환경파괴	0.4853	2	0.785
나노로봇의 위협	0.7314	2	0.694
나노시스템의 용해	0.1517	2	0.927
혼성유기체	0.0125	2	0.994
불명확한 위험	5.4789	2	0.065

$P < 0.05$

〈그림 7-1〉은 나노기술의 세 가지 편익특성과 관련한 시나리오판단의 매개물을 제시한다. 이 〈그림 7-1〉은 이 여섯 가지 시나리오가 어떻게 평가되는지를 분명히 나타내고 있다. 시나리오 C, D와 E는 전혀 가능하지 않은 것으로 판단하고 있다. 시나리오 A와 B는 어느 정도 가능한 것으로 동의를 받고 있다. 시나리오 F는 가장 확률이 높은 것으로 인정되었다.

여러 상이한 편익의 관점이 상이한 척도로 위험인지에 영향을 미칠 것이라는 첫 번째 가설을 우리가 추출한 데이터는 지지하지 않고 있다.

〈그림 7-1〉 나노기술의 3가지 편익특성과 시나리오 판단을 위한 매개물

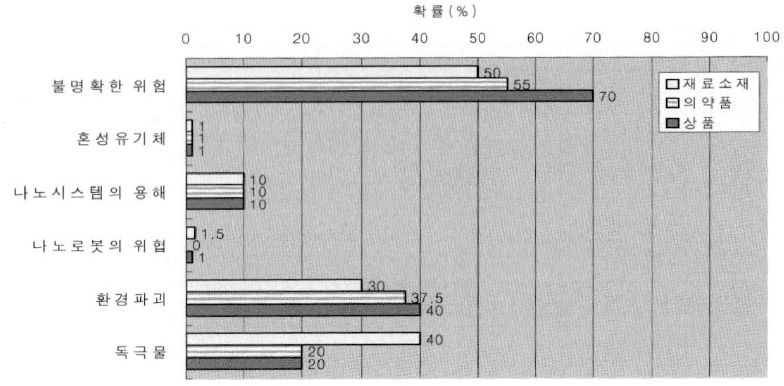

'기업의 특성'요인을 관찰하면 차이가 나타나는 것을 볼 수 있다. 나노기술을 이용하여 이익을 추구하는 기업의 특성에 대한 정보의 편차는 위험시나리오의 신뢰성 평가에 영향을 미쳤다. 〈그림 7-2〉는 두 종류의 기업특성을 평가한 시나리오 판단의 형태를 보여준다. 다섯 가지의 시나리오에서는 유의미한 통계적 차이가 났으며, 이 가운데 3개는 현저한 차이를 나타내고 있다. 이 차이는 10~20% 사이를 움직이고 있다. 〈표 7-5〉는 맨 휘트니유(Mann-Whitney U)검증의 결과를 제시하고 있다.

〈그림 7-2〉 기업의 특성에 따른 시나리오 판단결과

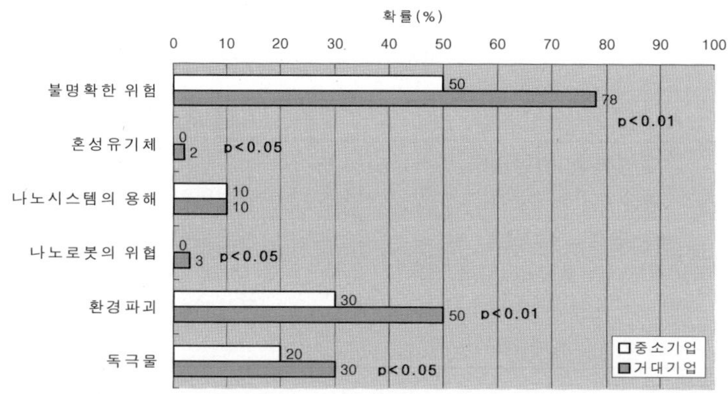

**〈표 7-5〉 기업의 형태가 위험시나리오의 판단에 미치는
영향(Mann-Whitney U 검증)**

위험 시나리오	Mann-Whitney U	p
독극물	3805.0	0.021
환경파괴	3456.5	0.001
나노로봇의 위협	3903.0	0.042
나노시스템의 용해	4013.5	0.095
혼성유기체	3810.5	0.021
불명확한 위험	3514.5	0.002

이러한 데이터는 〈가설 2〉를 지지한다. 나노기술의 위험인지는 어떤 맥락에서 나노기술이 접목되는지의 사회적 맥락에서 영향을 받는다. 편익수혜자가 중소기업이면 다섯 가지 시나리오를 가능성이 없는 것으로 평가하였다.

전체적으로 이 결과를 요약하여 보면, 여섯 가지 시나리오는 3개의 시나리오 집단으로 요약할 수 있다. 바로 '공상과학적 위험', '불명확한 위험', ‘건강 및 환경 위험'으로 재구성할 수 있다.

<표 7-6> 위험시나리오의 유형 집단

기존의 유형 집단	새로운 유형 집단
불명확한 위험(b6) 평균치: 독극물(b1) 환경오염(b2) 평균치: 나노로봇의 위협(b3) 나노시스템의 용해(b4) 혼성유기체(b5)	불명확한 위험(r 1) 불명확한 위험(r 1) 건강 및 환경위험(r 2) 공상과학 위험(r 3)

아래의 〈그림 7-3〉은 나노기술의 세 가지 편익특성에 대한 새로운 유형 집단의 평가를 제시하고 있다.

〈그림 7-3〉 나노기술의 세 가지 편익특성과 관련한 새로운 유형
집단의 평가

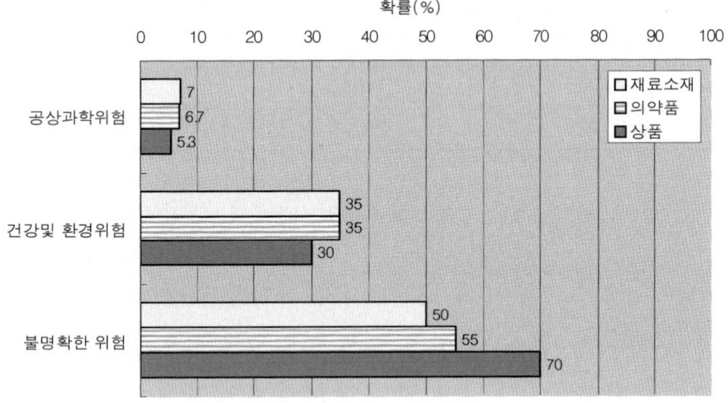

〈가설 1〉을 검증하기 위한 크루스칼 월리스(Kruskal – Wallis) 테스트
는 모두 유의미하지 않다. 개별적인 시나리오에 대한 관찰에서 보듯이
상이한 편익서술이 나노기술의 위험인지에 어떠한 영향을 미치지 않
았다. 이와는 반대로 기업의 특성이 미치는 영향을 고려하면, 이 세
가지 시나리오에는 유의미한 차이가 분명히 나타나고 있다. 예상 가능
한 확률평가는 유의미한 영향을 받았고, 그 영향의 크기도 현저하게
나타난다. 〈그림 7-4〉는 두 기업집단의 특성에 따른 새로운 집단에
대한 시나리오판단을 제시하고 있다.

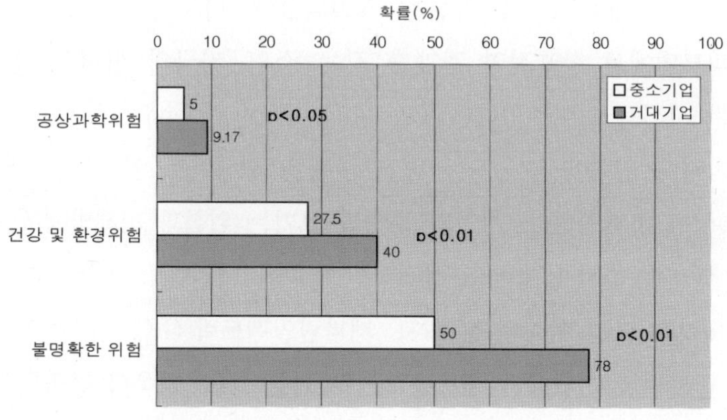

〈그림 7-4〉 기업집단의 특성과 새로운 집단에 대한 시나리오 판단

5. 결   론

우리는 실험에서 위험인지를 '피해시나리오의 확률성'으로 조작하였
다. 나노기술에 대한 인지도가 낮기 때문에 나노기술의 위험에 대한

단순한 질문은 그 평가에 대한 많은 문제점을 동반할 수 있다고 생각했다. 제시된 여섯 가지 피해시나리오는 매우 상이하게 평가되었다. 시나리오 '나노기술의 불명확한 위험'은 가장 높은 확률적 평가를 받았다. 70%가 넘는 높은 확률성은 매우 부정적인 관점을 제시하는 것으로 볼 수 있다. 불명확한 위험을 매우 생소한 '공상과학'시나리오의 의미에서 구체화시켜 보면 확률의 의미를 넘어서서 사악한 형태로 그 의미를 평가함을 볼 수 있다. 명백한 것은 확률이라는 것이다. 편익이 위험인지에 영향을 준다는 가설 1은 어떠한 지지도 받지 못하고 있다. 건강, 환경보호와 시장의 개척 같은 상이한 편익의 제시는 생명공학에서와 같은 상이한 위험인지를 끌어내지 않고 있다.

이와는 반대로 2번째 가설은 지지되었다. 나노기술의 위험인지는 스토리모델에서 상호적인 관계를 갖는 소위 '자극의 형태'가 영향을 준다는 사실을 보여주었다(Wiedemann, Clauberg and Schuetz, 2003). 위험과정에 원인제공자 또는 해결자 혹은 희생자로 연결되는 행위자의 특성이 관계되었다. 기업의 특성과 크기는 위험과 피해발생에 직접적인 관계를 갖지 않음에도 결정적인 영향을 미친다.

나노기술 단지 아이비엔(IBN), 제너럴일렉트릭(GE), 듀퐁(Dupont) 같은 글로벌한 기업에만 새로운 사업기회를 주며, 더욱더 강력한 힘을 발휘토록 한다는 제시는 위험인지에 엄청난 영향을 미치고 있다. 이것은 무엇보다도 '불명확한 위험'과 관계를 나타낸다. 이러한 위험시나리오는 명백히 집단적인 사고에서 끌어낼 수 있는 것이다(Toumey, 2004). 하시(Hsee, 2000)가 제시한 의미에서, 이것을 평가측정단위로 잘 활용할 수 있다. 이것은 왜 기업의 특성이 갖는 영향이 결정적인지를 설명케 한다.

《 참고문헌 》

Alhakami, A. S., & Slovic, P. (1994): A psychological study of the inverse relationships between peceived risk and perceived benefit. *Risk Analysis*, 14, 1085−1096.

Arnall, A. H. (2003): *Future Technologies, Today's Choices. Nano technology, Artificial Intelligence and Robotics; A technical, political and institutional map of emerging technologies.*

Bainbridge, W. S. (2002): Public Attitudes toward Nanotechnology. Journal of Nano−particle Research, 4, (6), 561−507.

BMBF (2004). Nanotechnologie. Innovationen für die Welt von morgen −2. Auflage.
http://www.bmbf.de/pub/nanotechnologie_inno_fuer_die_welt_v_morgen.pdf

BMRB (2004). Nanotechnology: Views of the General Public. London, UK: BMRB Inernational Ltd Report. www.nanotec.org.uk

Cobb, M. & Macoubrie, J(o. J.) Public Perceptions about Nanotechnology: Risks, Benefits and Trust.
(http://www2.chass.ncsu.deu/cobb/me/past%20articles%20and%20working&20papers/public%20Perceptions%20about%20Nanotechnology%20%20Risks,%20Benefits%20and%20Trust.pdf

Currall, S. C. (2004): Will consumers use new commercial products containing nanotechnology? Rice University. Working Paper.

Demos (2004): *See−through science. Why Public engagement needs to move up−stream.* London.

ETC (2003): The Big Down: From Genome to Atoms.
http://www.etcgroup.org/documents/TheBigDown.pdf.

Finucane, M. L., Alhakami, A., Slovic, P. & Johnson, S. M. (2000): The effect heuristic in judgments of risks and benefits. *Journal of Behavioral Dicision Making*, 13(1), 1−17.

Fischhoff, B., Slovic, P., Lichtenstein, S., Read, S. & Combs, B. (1978): How safe is safe enough? A psychometric study of attitudes toward technological risks and benefits. *Policy Science*, 29(9), 127−152.

Gaskell, G. Allum, N., Wagner, W., Kronberger, N., Torgersen, H.; Hampel, J., Bardes, J. (2004): GM Foods and the Misperception of Risk Perception. *Risk Analysis*, 24(1), 185−194.

Gaskell, G. Allum, N. & Stares, S. (2003): *Europeans and Biotechnology in 2002, Eurobarometer 58.0*, 2nd Edition.

Harding, C. M. & Eiser, J. R. (1984): Characterising the perceived risks and benefit of some health issues. *Risk Analysis*, 4, 131−141.

Hsee, C. K. (2000). Attribute evaluability and its implications for joint −seperate evaluation reversals and beyond. In D. Kahneman & A. Tversky (eds.), *Choices, Values and Frames*. Cambridge, UK: Cambridge University Prss.

Johnson, E. J. & Tversky, A. (1983): Affect, Generalization, and the perception of risk. *Journal of Personality and Social Psychology*, 45, 20−31.

Komm Passion (2004): Wissen und Einstellugen zur Nanotechnologie. (Online: http://www.komm-passion.de/index.php?id=167).

Lerner, J. S., Gonzalez, R. M., Small, D. A. & Fischhoff, B. (2003): Effects of fear and anger on perceived risks of terrorism: A national field experiment. *Psychological Science*, 14(2), 144−150.

Lerner, J. S. & Keltner, D. (2000): Beyond valence: Toward a model of emotion −specific influences on judgement and choice. *Cognition and Emotion*, 14(4), 473−493.

McNeil, B., Pauker, S. Gl, Sox, H. C. & Tversky, A. (1982): On the elicitation of preference for alternative therapies. *The New England Journal of Medicine*, 306, 1259 – 1262.

Paschen, H., Coeen, Ch., Fleischer, T., Grwald, R., Oertel, D., Revermann, Ch. (2002): *Nanotechnologie.* TAB Arbeitsberichte Nr. 92.

Sandman, P., Miller, P. Ml, Johnson, B. B. & Weinstein, N. D. (1993): Agency communication, community outrage, and perception of risk: Three simulation experiments. *Risk Analysis*, 13, 585 – 598.

Savadori L, Savio S, Nicitra E, Rumiati R, Finucane M, Slovic, P(2004): Expert and public perception of risk from biotechnology. *Risk Analysis*, Oct; 24(5): 1289 – 99.

Schuman, H. and Presser, S (1981): *Questions and answers in attitude surveys: Experiments on question from, wording and context.* Orlando, FL: Academic Press.

Scheufele, D. A. (2005). Baseline public opinion about nanotechnology. Presentation to the annual convention of the American Association for the Advancement of Science.

Sjerg, L. (2004): Gene Technology in the Eyes of the Public and Experts. Moral opinions, attitudes and risk perception SSE/EFI Working Paper Series in Business Administration No.2004: 7 (Online: http://swoba.hhs.se/hastba/papers/hastba2004_006.pdf)

Spangenberg, A. (2003). Risikostories und Risikobewertung – Deutschland und Bulgarien im Vergleich. Magisterarbeit, Institut Soziologie der Philosophischen Faukult, RWTH Aachen, Aachen.

The Royal Society (2004) *Nanotechnology and Nonoscience. Nanoscience and nanotechnologies: opportunities and uncertainties.* The Royal Society & The Royal Academy of Engineerring.

Toumey, Ch. (2004) Narratives for Nanotech: Anticipating Public Reaction to Nanotechnology, *Thechne* (2).

Tversky, A. & Kahneman, D. (1981): The framing of decisions and

the psychology of choice. *Science*, Vol.211, 453−458.
van, Est, R., Malsch, I. & Rip, A. (2004) Om het kleine te waarderen······
Een schets van nanotechnologie: publiek dabat, to epassings
gebieden en maastschappelijke aandachtsputen. Den Haag: Rathenau
Institute, 2004: Working document 93.
Wiedemann, P. M., Clauberg, M. & Schuz, H. (2003): Unerstanding
amplification of complex risk issues: The risk story model applied
to the EMF case. In: N. Pidgeon, R. Kasperson & P. Slovic
(Eds.), *The social amplification of risk*(pp.286−301). New York:
Cambridge University Press.

부록 1. 용어설명

1. 연료전지기관: 수소와 산소(공기속의 산소)가 화염 없이 물에 반응토록 하면서 높은 효율이 있는 전자에너지를 끌어내도록 한다. 수소를 이용하여 내연기관을 움직이도록 하는 시스템을 말한다. 현재의 화석연료를 대체하는 미래의 시스템이다.

2. 탄소나노튜브(CNTs): Carbon Nano-Tubes

3. 클러스터(Cluster): 작은 입자, 즉 원자의 작은 무리. 클러스터는 팽창된 동일한 물질의 고체 보다 대개 다른 특성을 갖고 있다. 왜냐하면 클러스터는 다수의 표면원자를 담고 있기 때문이다.

4. DNA(Desoxyribo-Nuklein-Acid)

5. 랩온어칩(Lab-on-a Chip): 세포의 다양한 메커니즘을 나노기술 등으로 한번에 처리토록 하는 매우 복합적인 칩의 최종단계를 일컬음.

6. 리소그래피(Lithographie): 나노세계에서 빛과 전자의 방사를 통해 각인을 하는 사진래커(photolack)에서 일어나는 구조를 생산하는 기술. 전자각인 기술 정도로 번역이 가능함.

7. 양자컴퓨터: 현재의 컴퓨터로 해결할 수 없는 정보해독의 문제를 풀어내기 위해 양자역학을 활용한다.

8. 터널전기: 원래는 흘러서는 안 되는 전기를 지칭함. 왜냐하면 이 전기는 나노세계에서나 가능한 단절된 틈새를 통과하기 때문이다. 단절된 틈새의 크기에 결정적으로 영향을 받는다. 이 효과는 주사터널링 전자현미경을 가능케 하였다.

9. UV-방사선: 매우 미세한 칩구조의 생산을 가능케 하는 미세파
방사선.

10. 반데르발스의 결합: 분자 간의 약한 화학적 결합을 지칭하는
용어. 이 결합은 물의 특성을 결정하고, 그래서 모든 생명과정을 결정
한다. 기체, 액화 또는 승화된 기체, 그리고 대부분의 유기화합물의 액
체와 고체 등에서 중성인 분자들을 서로 끌어당기는 상대적으로 약한
전기력. 이 힘은 1873년 이상기체가 아닌 실제기체들의 특성을 설명하
는 이론을 개발할 때 이 같은 분자 간(分子 間) 힘을 처음으로 가정
했던 네덜란드 물리학자 요하네스 반데르발스의 이름을 따서 반데르
발스 힘이라 부른다. 반데르발스 힘으로 결합된 고체들은 보다 강한
이온결합·공유결합·금속결합으로 이루어진 고체들보다 부드럽고 더
낮은 온도에서 녹는 특징을 가졌다. 반데르발스 힘은 세 가지 근원에
서 생길 수 있다. 첫째, 몇 가지 물질들의 분자들은 비록 전기적으로
중성이라고 하더라도 영구전기쌍극자가 될 수 있다. 일부 분자들은 전
하의 분포가 균일하지 않고 편중된 채 고정되어 있는 구조를 갖고 있
기 때문에 분자의 어느 한쪽은 항상 약간의 양전하를, 반대쪽은 항상
약간의 음전하를 띤다. 이 영구쌍극자들이 서로 같은 방향으로 정렬하
려는 경향 때문에 순인력(純引力)이 생긴다. 둘째, 영구쌍극자인 분자
들의 존재는 가까이 있는 다른 극성(極性) 분자 또는 무극성(無極性)
분자들의 전하분포를 일시적으로 변형시켜서 보다 큰 편극현상을 유
도한다. 영구쌍극자와 주변의 유도된 쌍극자의 상호작용으로부터 또
다른 인력(引力)이 생기게 된다. 셋째, 심지어 영구쌍극자인 분자가
하나도 없더라도(예를 들면 비활성기체인 아르곤이나 유기화합물의
액체인 벤젠의 경우) 분자들 간에 인력이 존재할 수 있는데, 이는 충
분히 낮은 온도에서 액체 상태로 응축되는 것을 설명해 준다. 분자들

사이에 존재하는 인력의 본질을 정확히 기술하기 위해서는 양자역학이 필요한데, 폴란드 태생 물리학자 프리츠 볼프강 론돈이 분자 내의 전자들의 운동을 조사하다가 1930년 처음으로 이를 밝혀냈다. 론돈은 어떤 순간에 전자들의 음전하의 중심과 원자핵의 양전하의 중심이 일치하지 않기가 쉽다고 지적했다. 그 결과 전자들의 요동은 분자를 시간에 따라 변하는 쌍극자가 되도록 만들어주는데, 이 순간적인 편극을 거시적 주기에 걸쳐서 평균하면 0이 된다. 따라서 시간에 따라 변하는 쌍극자, 즉 순간적인 쌍극자들은 금방 방향이 바뀌는 등 계속 달라지므로 실제로 존재하는 인력을 설명할 수 있는 형태로 정렬할 수는 없다. 그러나 이들은 인접한 분자들에 적절하게 정렬된 편극을 유도해 결국 인력을 유발시킨다. 분자 내에서 전자들의 요동으로 인해 일어나는 이런 특정한 상호작용, 즉 힘들(론돈 힘 또는 분산이라고 알려져 있음)은 심지어 영구적인 극성분자들 사이에도 존재하며, 보통은 반데르발스 힘에 기여하는 세 가지 요소들 중 가장 큰 부분을 이룬다. 도마뱀붙이는 거의 모든 물체에 들러붙을 수 있는데, 이는 반데르발스의 힘이라고 불리는 분자 사이에 작용하는 약한 인력을 이용할 수 있을 만큼 도마뱀 발바닥 털의 끝이 아주 미세하기 때문이다.

부록 2.
독일미디어에 보도된 나노 위험관련 기사(발췌)

1. Handelsblatt (2005년 6월 30일. Nr. 124, p.17)

나노기술은 어떠한 새로운 위험도 감추고 있지 않다. 노벨물리학상 수상자 클라우스 폰 클리칭(Klaus von Klitzing)이 더 많은 신축성을 독 일학자들에게 촉구하는 보도기사를 게재한다.

한델스 블라트: 클리칭 박사님! 학자들이 이렇게 나노에 열광하는 배경이 무엇입니까?

클리칭: 나노기술은 매우 많은 관심을 불러일으킵니다. 주사터널링 현미경의 도움으로 매우 작은 비용으로 아주 새로운 기초연구를 수행케 하기 때문입니다. 원자 하나하나를 볼 수 있으며, 조작하고 그리고 새로운 것을 조립할 수 있습니다. 모든 것은 원자로 구성되어 있습니다. 우리는 단지 100개의 원소만을 알고 있다. 이 가운데 단지 10%만 상이한 물질구성으로 우리의 주위의 99%를 만들고 있다. 이것은 원자를 통제하면서 일을 한다면 모든 것을 만들 수 있다는 것을 예상케 한다.

한델스 블라트: 예를 하나 들어주시겠습니까.

클리칭: 저는 지금 자연에서는 없는 크리스탈(결정체)을 배양합니다. 이것이 제가 하는 연구입니다. 제가 하는 이 연구는 원자의 차원

에서 새로운 물리적인 기능을 일반화하는 것에 있습니다. 당신이 현재 원자의 차원에서 데이터를 읽을 수 있는 반도체 레이저를 갖고 있다면, 이것은 바로 나노기술을 응용한 것입니다. 아마도 언젠가 인공적인 초전도체를 생산할 것입니다.

한델스 블라트: 선생님의 연구에서 새로운 것은 무엇입니까?

클리칭: 새로운 광학 기기로 원자를 자연스럽게 다루는 것입니다. 사람들이 마치 원자를 가상적으로 느끼는 것 같은 느낌을 갖습니다. 망원경 같은 현미경으로는 더 이상 파악할 수 없는 수많은 상호관계, 전체적인 재료공학을 원자차원에서 근본적으로 연구할 수 있으며, 새로운 것을 발견할 수 있다. 이것이 바로 새로운 것이다.

한델스 블라트: 각 원리들이 장차 더욱더 결합할 것으로 보십니까?

클리칭: 나노차원에서 경계가 무너지고, 그곳에서 물리학자와 화학자는 더 이상 분리된 채로 일할 수 없다. 이 두 연구자는 서로 관심이 달라도, 가장 작은 물질원자를 관찰해야 한다. 나노탄소관은 무엇입니까? 이 주제와 관련해서 노벨상은 화학에 돌아갔습니다. 탄소크리스탈은 물리학자인 나를 정말 흥분시켰습니다.

한델스 블라트: 앞으로도 개별 학문이 필요합니까?

클리칭: 저는 그렇다고 생각합니다. 모던한 학제적인 사고는 더 이상 우리에게 무엇을 가져오지 못합니다. 그러나 나는 각자가 독자적인 입장과 이에 연계된 능력을 가져야 한다고 생각합니다. 단지 학자는 여타 다른 학자들과 협동하고, 노하우를 서로 나눌 수 있는 신축성이 필요하다고 생각합니다.

한델스 블라트: 나노기술에서 요구하는 가장 큰 촉구사항이 무엇입니까?

클리칭: 가장 큰 촉구사항은 미시세계를 다시 거시세계로 공유하며, 연결점을 만들어 내는 것입니다. 수많은 것을 제시할 수 있습니다. 그러나 현존하는 거시세계라는 외부세계와 결합함이 없이 이것은 기능을 할 수 없습니다. 우리가 한 원자로 된 일차원적인 전선을 갖고 있다면, 그렇다면 우리는 그것을 케이블에 잡아매서 전류가 흐르게 할 수 있습니다. 스스로 어떠한 것에 잡아매는 것은 매우 어렵습니다.

한델스 블라트: 나노기술의 위험을 어떻게 평가하십니까? 언젠가 나노 로봇이 우리 인간을 위협할 수 있지 않습니까?

클리칭: 이러한 위협적인 시나리오를 실제로 믿는 민감한 과학자는 없습니다. 이것은 망상입니다. 우리는 스스로 복제하는 시스템과는 한참 멀리 떨어져 있습니다. 왜 벌써 우리는 이러한 생각을 해야 합니까?

한델스 블라트: 나노기술이 새로운 유형의 위험을 가져오지는 않습니다. 나노입자를 통한 건강위협을 둘러싼 논쟁은 전혀 새로운 것이 아닙니다. 이것은 미세먼지입니다. 원칙적으로 가능한 위험이 발생할 수 있는 모든 것으로 잘 알려져 있습니다. 근본적으로 개별적인 응용에 따르는 위험은 고려되어야 합니다. 그러나 이미 모든 것이 다 이와 같습니다. 보기를 들어 봅시다. 유리입니다. 우리가 베일 수 있는 확률이 얼마나 큽니까?

한델스 블라트: 나노기술의 응용폭이 매우 넓습니다. 나노입자는 시장에 나와 있는데, 여타 아이디어는 여전히 버전으로 있지요.

클리칭: 많습니다. 그러나 조심할 것이 있습니다. 요사이 '나노'라는

표현이 오용되고 있습니다. 자연은 나노 입자로 구성되어 있습니다. 근본적으로 모든 것은 이러한 이름을 부여할 수 있다. 나에 나노는 단지 새로운 질적인 것을 가져다주는 것입니다. 이 양자전환을 위하여 우리는 근본적인 기초 연구가 필요합니다. 양자컴퓨터는 사람들이 나노와 관련한 기초물리를 이해할 때 비로써 가능해집니다.

한델스 블라트: 사람들에게 나노기술을 이해시킬 수 있을까요?

클리칭: 이것이 바로 우리의 과제입니다. 저는 사람들에게 이해시킬 수 있으리라고 생각합니다. 간단하지는 않지만 말입니다. 우리는 일반적으로 단기간에 많은 새로운 지식을 일반화시키고, 확실히 만들어 내며, 이것을 전수시켜야 한다는 문제점을 갖고 있다.

한델스 블라트: 독일의 나노 연구를 국제적인 차원에서 비교해 주시기 바랍니다.

클리칭: 독일의 나노 연구는 선진국과 함께 앞서가고 있습니다. 미국은 여전히 나노기술에서 가장 앞서가는 국가입니다. 여타 국가의 발전 역시 증가하고 있습니다. 한국과 중국에서 나노 분야의 성장은 낮게 평가할 수 없습니다.

한델스 블라트: 일본은 어떻습니까?

클리칭: 무시할 수 없는 속도입니다. 장기간 동안 우리는 일본이 단지 복제만 한다는 편견을 지배적으로 갖고 왔다. 그런데 이러한 것은 이미 지나갔다. 일본의 NTT는 세계적인 유수 연구입니다. IBM과 벨(Bell)연구소가 투자를 못한 반면에, 일본은 경제난에도 불구하고 연구비를 지속적으로 증가시키고 있습니다.

한델스 블라트: 독일이 연구에서 수위를 차지하기 위하여 무엇을 해야 합니까?

클리칭: 유능한 연구자들은 더욱더 신축성을 요구하고, 연구가 정치에 매이지 않도록 해야 합니다. 이것이 제가 드릴 수 있는 것입니다. 정치인들이 너무 세세하게 논하고, 통제하기를 원한다면, 최고의 수준을 잃어버릴 것입니다.

(클리칭 교수는 스튜트가르트의 막스프랑크 연구소의 고체연구소 소장이다. 1985년 양자 홀 효과로 노벨물리학상을 받았다. 클리칭 상수로 유명한 물리학자이다. 한국정부의 초청을 받고 서울을 방문한 바 있다.)

2. dpa – Dossier Wissenschaft (2005년 6월 27일. Nr. 26. p.2)

새로운 큰 기회를 제공하는 나노기술은 동시에 커다란 위험을 갖고 있다. 그러나 이 회색 점액에 공포를 갖지 말라.

뮌헨(dpa): 큰 새로운 기회를 주는 나노는 동시에 커다란 위험을 갖고 있다. 새로운 의약품을 사람의 세포 속으로 스며들게 하는 매우 작은 입자는 뇌와 간에서 잡스러운 것을 제거하고, 사전에 예견할 수 없는 폐해를 전화시킨다. 알리안츠 생명보험사가 OECD와 함께 제시한 연구보고서에서 제시하고 있다. 이 보고서에서 다양한 희망으로 평가하고, 성급한 찬양으로 일관한 미세입자의 예상되는 위험이 조사되었다. '회색점액'은 통제되지 않고 확산되는 자기 복제를 하는 나노기계에 당분간 누구도 걱정할 필요가 없다.

◆ 접촉은 불가피하다

'첫 번째 연구에서 몇 가지 나노입자가 독성을 갖는 것으로 제시되었다. 이 나노입자는 여러 경로로 신체에 침투할 수 있으며, 혈액을 따라 생명에 중요한 기관에 다다르고, 아마도 조직을 파괴할 수 있다.' 알리안츠 기술과 글로벌 위험 연구센터와 OECD가 행한 조사에 제시된 글이다. 이 보고서의 저자는 앞으로 더욱더 많은 소비자가 인위적으로 제작된 나노입자와 접촉을 할 것이라는 것에서 출발하고 있다. '앞으로 생산되는 제품에서 나노입자가 들어가는 것은 불가피한 것이 될 것이다.' 알리안츠는 이러한 이유로 인해서 특별한 유럽연구센터의 설치를 제안하였다. 그리고 이에 상응하는 조사연구를 촉구하였다.

◆ 매우 작은 미세 차원에서 나타나는 새로운 효과

나노미터는 10억분의 1미터이다. 이 미세 차원은 모든 경우에 추론되는 것이다. DNA유전자는 지름이 2.5나노미터이다. 수소분자는 0.3나노미터이다. 사람의 머리카락은 지름이 평균적으로 8만 나노미터이다. 50나노미터의 입자 크기는 이미 세포에 침투할 수 있고, 20나노미터는 혈관을 벗어날 수 있다. 이러한 영역에서 수많은 물리적이고 화학적인 효과가 어떠한 역할을 한다. 이 효과는 동일하지 않은 크기의 척도로 일상생활에서 존재하지만 대개 간과되고 있다. 단단한 금속인 금과 플래틴(Platin)은 화학적인 반응을 가속시키는 촉매제로 나노가루로 분산시킬 수 있다.

◆ 단백질을 잡아간다

나노입자는 독자적으로 10나노미터의 작은 단백질의 표면에 반응을 한다. 이 경우에 무엇보다도 전자화학적인 특성이 중요하다. 단백질은 개별적인 화학적인 특성에 관계없이 전자전하를 갖는다. 이것은 나노입자에도 유효하다. 이것은 단백질이 매우 작은 입자에 매달려 있을 수 있다는 것을 생각게 한다. 마치 방안에 풍선이 천장이나 이불에 매달려 있는 것처럼 말이다. 이렇게 하여 단백질은 '잡혀 있을 수 있다.' 단백질이 자신의 목적을 수행하지 못할 수 있다. 심각한 문제를 발생시킬 수 있다. 나노입자가 DNA에 반응할 수 있다는 것이다. 세포에서 가장 작은 공장이며, 유전자 정보를 단백질로 번역하는 리보좀이 이에 해당될 수 있다.

◆ 유망한 비즈니스 영역: 의약품 산업

의약품산업에 미치는 나노는 앞으로 20년 동안 가장 유망한 산업적인 영역이 될 것이다. 알리안츠와 OECD는 의도된 의약품서비스로 보고 있다. 나노미터의 크기로 작게 포장이 되어 타깃이 되는 세포에 실어 나르도록 해야 한다. 무엇보다도 이 구조는 신경성 질환의 치료에 효용이 있는 것으로 판명될 수 있다. 왜냐하면 뇌와 혈관을 통제하는 시스템을 그대로 통과할 수 있기 때문이다. 뇌에 있는 이러한 모세혈관의 특별한 구조는 소수의 물질만을 혈관에서 뇌 조직으로 보낸다. 독극물이나 여타 유해물질을 여과하여 뇌로 보내는 것이다. 나노입자는 이러한 것을 넘어서서 원하는 형태로, 원하는 곳에 어떠한 것을 투입시킬 수 있는 것이다.

◆ 잠재적으로 독약의 모습을 갖고 있다

'나노입자에 기술적인 관심을 갖게 하는 동일한 근거는 이것이 잠재적인 새로운 독소적인 위해 물질의 모습을 한다는 사실에 있다'고 이 보고서는 말하고 있다. 신체 속으로 나노입자가 들어가는 주요 통로는 폐가 되고, 예상되는 위해는 폐 염증이고 조직의 손상이 될 것이다. 몇몇 연구자는 벌써 이 탄소나노 튜브를 석면에 비유하고 있다. 이 두 물질은 모두 기도를 통해 폐에 쌓이고 응고가 되어 폐 조직을 손상시킨다.

◆ 피부로 통하는 길

알리안츠 기술센터의 크리스토프 라우터 바써(Christoph Lauterwaser)는 나노입자의 다양한 침투경로를 제시하고 있다. 바로 피부를 들고 있다. 지금까지 나노미터 크기의 화장품의 Zinkoxid 입자가 피부를 통해 신체에 침투되는 것은 별로 알려지지 않았다. 산업체는 조사를 했지만, 그 결과를 일반적으로 사서 볼 수는 없다. 나노입자는 신경세포를 따라 전체로 확산될 수 있다. 세세한 연구가 이 분야에서 이루어지지 않고 있다. 나노입자의 예상 가능한 독성을 판단하고, 위험평가를 할 수 있는 다수의 나노입자에 대한 데이터가 부족하다.

나노입자는 예전부터 자연에서 존재하여 왔다. 예를 들어, 화산폭발과 산림화재를 통해 공기 중에 자유롭게 존재하고 있다. 그래서 연소행위를 통해 우리는 의도하지 않게 이러한 입자를 자유롭게 방출시킬 수 있다. '우리는 나노입자로 감싸이고 있다'고 알리안츠 연구자는 서술하고 있다. 일반적인 공간에서 1큐빅메터마다 1만－2만 개의 나노입자가 존재하고, 숲 속에서는 5만 개, 길거리 옆의 공기 중에서는 10만 개가 존재한다.

◆ 회색 점액에 공포를 갖지 마라

알리안츠는 당면한 잠재적인 위험을 예상함에도, '이 회색 도료의 인간 위협'과 관련한 미래의 시나리오에서는 별다른 걱정을 하지 않고 있다. 이 회색공포는 1986년에 출간된 〈Engines of Creation-The Coming Era of Nanotechnology by Erich Drexler〉에 근거하고 있다. 이 책에서 에릭 드렉슬러는 매우 작은 부품으로 특정한 물체를 제작하여 명령을 내릴 수 있는 분자기기의 개발을 환호하고 있다. 이 외에 로봇은 자기복제를 통해 혼자서 다양한 것을 만들어 낸다. 한번 세상에 던져지면, 이 나노기계는 브레이크 없이 생태환경으로 확산된다. 바로 '회색 점액'이다.

대부분의 과학자들은 이러한 버전을 공상과학으로 간주한다. 사실상, 어떻게 이러한 것이 작동될 수 있는지는 거의 상상할 수 없다. 단지 분자운동만은 나노로봇에 큰 문제가 된다. 분자와 여타 미세입자는 항시 그 주위와 끊임없이 충돌한다. 이 열운동은 −273도에서 최저 동결점이 형성된다. 나노로봇이 이것을 어떻게 보정시킬 수 있는지를 생각할 수 없다. 또한 에너지 수급 역시 문제다. 다수의 미세입자가 전하를 이동시키고, 이것은 그 주위의 원심력과 구심력이 그 자체에 영향을 미치도록 한다. 그래서 이러한 자기복제의 나노 구조는 미래에도 우리의 역량을 벗어나는 것으로 머무를 것으로 이 보고서는 확신하고 있다.

틸로 레젠훼프트(Thilo Resenhoeft)

3. 프랑크푸르트 알레마이네 자이퉁(FAZ)

(2005년 6월 6일, Nr. 128. p.10)

나노입자로 정제하였습니다.

　가장 작은 미세 기술이 우리의 일상생활로 파고든다. 나노기술은 지금까지 공상과학이나 기초연구자의 특수한 주제로 간주되어 왔다. 누구든지 눈을 뜨고 시장의 보행자로를 걸어가면, 최근에 새로운 것을 느끼게 될 것이다. 화장품, 샴푸 등을 취급하는 잡화가게에서 창문청소와 관련한 이러한 광고를 볼 수 있다. "나노 보호방식이 어떠한 청소흔적을 창문에 남기지 않도록 도와줄 것입니다. 나노 입자는 보이지 않는 보호막으로 여러분의 창문을 보호해 줄 것입니다." 진열대 위의 선크림은 '나노방식'을 광고한다. 신사복 가게는 유명한 신사복회사의 새로운 양복소재기술을 설명한다. "이 양복의 감은 나노입자로 정제하였습니다. 이것은 물로 세탁을 해야 하는 때나 오염물질로부터 보호해 줍니다. 다림질은 나노보호를 더욱더 활성화시켜 드립니다." 한 구역 밖에 있는 구두 가게는 나노로 만든 뿌리는 구두약을 선전한다.

　나노라는 말이 광고에 깊숙이 파고들고 있다. 나노는 원래 크기의 단위를 이야기하는 것이었지만, 이제 이것은 모든 과학자, 기술자들에게 원자와 같은 미세한 물체를 만들고, 높은 전도율을 높이도록 하는 연구를 상징화하였다. 새로운 기술의 응용 분야는 엄청나게 크다. 이것은 성능이 향상된 나노 칩에서 암 치료와 처방 그리고 에너지 생산의 확대와 오염물질의 방지라는 영역으로까지 걸쳐 확대되고 있다.

　거대 기업은 이러한 공정을 이미 공격적으로 새롭게 시장화시키고 있다. 포장위에 명기된 이 '나노'는 소비자에게 호기심을 불러일으키고, 이노베이션을 끌어내는 연민의 감정을 불러일으키게 한다. 소비자가 이 나노라는 마술적인 용어에 어떻게 반응하는지를 기업은 지속적으로 관찰하고 있다. 이 기술이 논쟁적이지 않는 것은 아니다. 그린피이스 같은 환경조직은 항시 새로운 주제를 탐구한다. 소비자들이 유전자 기술에 공포를 갖게 한 후에, 지금 경고자들은 자유롭게 떠돌아다니는 나노입자가 만들어 내는 건강폐해로 그 관심을 끌어내고 있다. 산업체는 나노입자가 상품 속에 들어가면, 여타 다른 물질과 구분이 되지 않고, 제조과정도 외부와 완전히 차단되어 있다고 강조한다. 그렇지만 새로운 기술과 볼 수 없는 위험의 결합은 나노기술을 배척토록 할 수 있다. 과학부가 이야기하는 것처럼, 나노기술이 앞으로 모든 상품공정에 도입된다면, 산업을 위한 이 기술의 의미는 매우 중요하다. 이 영역은 아직 잘 개발되지 않은 곳이다. 설문조사에 따르면 독일인의 50%만이 '나노'를 알고만 있으면, 15만이 이것에 무엇이 감추어져 있는지를 알고 있다. 나노기술의 주창자들은 사회적인 걱정과 염려에 민감하게 반응을 하고 있다. 몇몇 사람은 기업이 안전을 강조하고, 새로운 상품을 폭넓게 테스트할 것을 요구한다. 독일과학부는 현재 독자적으로 나노입자가 미치는 건강폐해에 관해 연구하고 있다. 또 다른 사람들은 새로운 공정의 환경에 대한 예상 가능한 이용을 강조하고 있다. 예를 들어, 나노 처리된 창문유리와 의복은 물을 절약하도록 매우 드물게 세탁이 필요하다. 나노기술은 컴퓨터와 자동차의 에너지 사용을 현저히 줄일 수 있도록 돕는다는 것이다.

유전공학에 대한 사회적 논쟁이 보여주듯이, 유전자 조작이 이루어진 나무를 통해 오염된 곳을 정화하는 것 같은 환경친화적인 문제해결 방법은 악평을 받는데, 바로 '유전자'의 카테고리에 있기 때문이다. 나노는 독자적인 역동성을 갖는 것으로 필립스의 부사장 악셀 렌저

(Axel Lenzer)는 말한다. 그래서 그는 유전자기술로 그 방향이 포장되는 것은 막아야 한다고 주장한다. 드레스덴의 나노전자 연구소인 후라우엔호퍼 센터(Frauenhofer-Zentrum)의 소장인 페터 큐허(Peter Kuecher)는 공격적으로 이렇게 논평을 한다. 원자 영역을 지배하고, 활용하는 것은 지금까지 해 왔던 것보다 훨씬 더 좋을 것이다.

영국에서 이미 이 나노기술은 뜨겁게 논쟁되었다. 동시에 새로운 형태의 사회적인 기술평가가 이루어졌다. 국방부와 그린피스가를 포함하는 놀라울 형태의 연합이 2005년 5월 20개의 독립적인 일반인들로 구성된 '나노-쥴리(Nano-July)'가 발촉되었다. 전문가들은 이 연합체에서 '기회와 위험'을 발표하였다. 최종적으로 일반 국민의 관점에서 포괄적인 평가를 제시할 것이다. 여기서 최소한도 창문청소와 뿌리는 구두약에 대한 광고와 관련한 평가가 시작될 것으로 본다.

폰 크리스티안 쉬베거를(Von Christian Schwaegerl) 기자

4. Neue Zuercher Zeitung (2005년 5월 21일, Nr. 116, p.81)

미래의 모습은 정확하지만, 현재는 안개 속에 숨어 있다.

과장과 공포 간의 대화에 관한 나노기술: 새롭게 개발된 각각의 기술은 예전의 논쟁을 다시 불러일으킨다. 바로 이것이 인류에게 좋은가 아니면 나쁜가라는 것이다. 원자력과 유전공학은 벌써 사회적인 논쟁의 바다로 들어갔으며, 그 속에서 다소 상처를 입으면서 다시 등장하였다. 현재 나노기술이 그러한 과정을 따르고 있다. 나노 연구자는 그 자신의 동료들이 했던 것처럼 동일한 상황에 빠지려 하지 않는다. 이들은 현재 긍정적인 대화를 찾고 있다.

마틴 리스(Martin Rees)의 의견을 믿지 못할 이유가 없다. 깊이 들어간 갈색의 눈이 어떠한 교활한 모습을 할 수 있지만, 그가 양심을 팔지는 않을 것이다. 63세의 이 영국인 리스(Rees)는 〈경악스러움: 2020년까지 단 한번의 바이오 테러와 바이오 실수로 수백만 명의 인간이 희생당할 수 있다〉고 주장한다. 이와 관련하여 그는 내기를 하고 있다. 영국의 Long Bets Foundation은 그의 예견을 이 내기의 목록에 집어넣었다. 리스는 세계멸망을 이야기하는 선지자도 아니고, 공포 소설가도 아니다. 캠브리지 대학의 우주물리학 연구소에 근무하는 수학교수인 리스는 얼마 전에 런던 왕립협회의 새로운 회장으로 선출되었다.

◆ 단지 시간의 문제다

2003년에 출간된 그의 책 〈우리의 마지막 순간〉―이 책은 그의 내기의 이론적인 근거를 제공함―은 그가 이야기한 염세주의의 근거를 받아들이지 않음에도 지속적인 관심을 불러일으킨다. 그의 테제는 이렇게 짧게 설명된다. '근대적인 자연과학은 인류를 위협한다. 원자력, 바이오기술, 죽음의 바이러스와 함께하는 일과 여타 많은 것이 지속적으로 위험한 모습을 표현한다. 지금까지 수십만 명의 목숨을 앗아간 사고가 발생하지 않은 다행한 상황에 감사해야 할 것이다. 엄청난 사고나 혹은 이와 같은 테러공격은 단지 시간의 문제일 뿐이다.'

바이오와 원자력 기술 같은 '위험기술'에 대한 논쟁 외에 나노기술에 대한 기술은 나노를 다루고, 이것을 컴퓨터, 물질의 생산, 의학품의 생산, 화장품에 응용하려는 과학자와 관련하여 논의케 한다. 이미 캐나다의 비정부조직인 ETC-Group와 영국의 왕위계승자이며 유전공학에 보수적인 찰스는 이 문제를 다루고 있다. 바로 '나노위험'을 경고

하고 있는 것이다. 특히 의도하지 않고 혈관이나 뇌에 침투하고, 특정한 상황에서 폐해를 발생시킬 수 있는 미세의 나노입자는 환경보호자뿐만 아니라, 보험회사의 걱정거리가 되고 있다. 다수의 나노 상품이 이미 시장에 나와 있다. 바로 햇빛 차단 효과가 큰 무색의 선크림, 때가 없는 의복과 창문 유리를 들 수 있다. 나노입자가 인간과 환경에 어떠한 영향을 미칠 수 있는지는 여전히 잘 알려져 있지 않다. 그래서 프랑켄슈타인에서 따온 말로 '프랑켄입자(Frankenpartikel)'라는 조어가 회자되고 있다.

◆ 공포적인 모습을 줄이자

이어한 기술이 사회를 왜곡된 상황으로 떨어뜨릴 수 있다는 상황적 요소는 항시 존재한다. 나노에 많은 투자를 한 산업국가의 산업체, 경제계 그리고 학자집단을 대표하는 사람들이 이러한 기술혁명이 가져올 것의 하나로 이것을 말하고 있다. 미국의 과학재단은 2015년까지 나노 영역에서 총매출액이 1조억 달러가 될 것으로 예상하고 있다. 풍성한 축복적인 희망에 나노가 연결되어 있다. 영국의 경제잡지 〈더 이코노미스트(The Economist)〉는 이렇게 표제어를 달았다. 나노기술이 암을 발생시킨다! 이제야 아마도, 인간을 위협하는 로봇열광에 대한 경악스러운 이야기가 유포되고 있다. 군대는 이미 이 새로운 기술을 응용하여 적을 궤멸시키는 방법으로 이용하려 한다. 이 논쟁은 커다란 기대와 과장된 공포 사이를 왔다 갔다 한다.

많은 나노학자는 그들이 바이오와 원자력 연구자한테 많은 것을 배웠다는 것을 이야기한다. 이들은 이번에는 모든 것을 더 잘하고, 재난을 발생시키는 부정적인 모습과 위험의 모습을 완화시키려 한다. 그들은 불타는 원자로(체르노빌), 유전자 조작의 실험에 숨어 있는 연구자의 이중적인 모습, 광우병 같은 부정적인 모습을 더 이상 갖지 않게 하려 한다.

나노기술의 경우에 여러 곳에서 강조되는 지적인 기계, 우주로 가는 엘리베이터, 전체 도시를 덮는 천장의 설치, 인간의 질병을 치료하는 미니로봇, 인간의 영역을 넘어서는 힘을 군인에게 주는 군사무기가 대표적이다. 이처럼 강력하고, 희망적인 공학적인 꿈은 단지 공상과학에서만 볼 수 있는 것이 아니다.

◆ 공상과학을 진지하게 받아들여야 한다.

재난의 선지자로서 리스는 나노기계를 연구하고 있다. 이 기계는 기실 매우 작지만, 능력이 뛰어나고, 단지 상호적으로 커뮤니케이션만 하는 것이 아니라, 서로 배울 수 있는 컴퓨터다. 이 기계의 조립은 바이러스나 세포에 비교할 수 있다. 이식이 되고, 인간의 뇌의 능력을 높이도록 한다. 나노기술과 로봇의 결합은 인간에서 기계로 자연스럽게 이동시킨다. 레이(RaY)가 공언한 '정신적인 기계의 시대'가 시작하고 있다. 또 다른 버전은 이 나노로봇이 자기 복제를 할 것으로 예견하고 있다. 그는 이렇게 쓰고 있다. '한번 내 놓으면 자신이 죽을 때까지 자신을 잠재적으로 증가시킬 수 있다.' 인간은 당연히 먹이가 되는 것이다. 이론적으로 며칠 안에 전 대륙을 '자기증식'을 통해 지배할 수 있는 것이다. 리스는 부분적으로 이러한 위험을 강조하지 않는다. 이러한 재난의 위험을 높게 평가하지는 않는다. 대개 실험 시에서 사고로 발생한 위험 혹은 테러공격 정도로 그 위험을 평가하고 있다.

부분적으로 모순이 되는 이러한 가정에도 불구하고 이러한 버전은 진지하게 수용되어야 한다. 새로운 기술 수용에 미치는 이 영향을 철학자와 물리학자인 칼스루에(Karsruhe) 시에 있는 기술영향평가소의 아민 그룬발트(Armin Grunwald)는 강조하고 있다. 이 버전 역시 그의 의견에 따르면 근대적인 최근의 기술영향평가 형태로 종의 다양성에 미치는 영향의 차원에서 탐구되어야 한다.

◆ **나노로그(Nanologue)를 준비해야 한다.**

환상적으로 이야기되는 이 시나리오의 뒤에 숨겨진 의미를 찾는 다수의 나노학자는 이와 연계된 공포를 낮게 보지 않고 있다. 계몽적인 나노기술에 대한 마술적인 말은 바로 '대화(Dialog)'이다. 이 논쟁이 이미 영어권에서 뜨거웠지만, 독일에서는 지난 5월 초에 EU가 지원하는 '나노로그(Nanologue)' 프로젝트가 시작하였다. 이것은 나노의 기회와 위험에 대한 유럽차원의 폭넓은 대화를 가져오며, 가장 최고의 권위를 갖는 학자들이 진행할 것이다. 재료공학연구소의 행태학자인 한스 카스텐홀쯔(Hans Kastenholz)가 이 집단에 참여하고 있다. 그는 부퍼탈(Wuppertal) 시에 있는 기후, 환경 그리고 에너지 연구소의 연구자들과 함께 나노기술의 시장잠재력을 2010년까지 조사하여 발표하는 책임이 부여되었다. 두 번째로 나노의 윤리적, 법적 그리고 사회적인 관점을 제시해야 한다. 그는 우리는 수많은 종이로 말하지 않고, 나노 영역에서 일하는 기업이 '잘되도록' 하는 데 필요한 기능을 자문토록 하는 데 힘쓸 것이라고 방향을 제시하였다.

'계몽만으로 이것은 충분치 않다. 어떠한 제품과 버전이 국민들에게 수용가능하고, 그러하지 않은지 설문조사해야 한다'고 그는 강조한다. 개별적인 제품과 관련해서 위험보다는 장점, 발전의 의미를 강조해야 한다. 그는 이외에도 학자는 나노논쟁이 구체적인 보기를 들면서 해야지, 예술품을 설명하듯이 폭넓은 논쟁을 해서는 안 된다는 것을 강조하고 있다.

◆ 시장에서의 희망

이러한 대화가 가져올 수 있는 기회는 나쁘지 만은 않다. 특히 거대 환경운동단체는 처음부터 관련을 맺고 있다. 왜냐하면 나노기술은 저렴하게 태양전지판과 수소저장자치를 만들어 내는 친환경적인 기술로 활용할 수 있기 때문입니다. 그린피스 같은 거대 환경조직들 역시 나노기술에 대한 분명한 관점을 정리하지 못하고 있다.

현재 이미 나노기술과 연결된 예상 가능한 위험은 간단히 처리할 수 없다. 호주의 퀸즈대학 나노소재 센터의 소장인 맥스 루(Max Lu)는 별다른 걱정 없이, 나노입자가 선크림에 투입되어 활용되고 있는지를 자세히 제시하고 있다. 그는 사람들이 이것의 독성에 관해서 잘 알고 있는지를 물었다. 동시에 그는 매우 실용적인 방향을 제시하였다. 커다란 기대와 공포는 바른 해결방법이 아니고, 시장이 해결방법이라는 것이다. 나노기술은 보기를 들면 오랫동안 사용할 수 있는 테니스공처럼 재미를 주는 상품과 제품에 신뢰를 주도록 해야 한다. 경제적으로 성공이 제시되기 위하여 새로운 기술은 항시 30-50년의 세월이 필요하다고 코펜하겐 경영대학의 프레슬레브 크리스텐센(Froeslev Christnsen)는 말하고 있다.

마크스 호프만(Markus Hofman) 기자

5. Sueddeutsche Zeitung (2005년 1월 7일, Nr. 4. p.18)

재보험사는 나노기술을 위험한 것으로 평가하고 있다.

목욕탕과 세탁실의 표면을 스스로 청소한다는 것은 신나는 일이다. 선크림에 함유된 특수 내용물질은 피부가 타는 것을 방지한다. 자세히 보면 병유리가 반짝반짝 빛나는 것을 볼 수 있다. 이미 나노기술이 응용된 일련의 제품과 상품을 발견할 수 있다. 이 작은 미세입자를 활용하는 기회가 폭넓어지고 있다. 연구자들은 두께가 단지 몇 개의 원자 크기인 컴퓨터 칩과 병원체를 잡기 위하여 인체에 침투하는 미세한 기계를 꿈꾼다. 전문가들은 나노기술이 매년 만들어 내는 판매량이 1200억 달러로 증가하고 있음을 제시하고 있다. 앞으로 더욱더 그 폭이 넓어질 것으로 예상하고 있다. 2015년까지 총판매량이 20조억 달러가 될 것으로 예상하고 있다.

이러한 관점은 재보험사의 큰 관심을 불러일으킨다. 뮌헨 륙(Muenchner Rueck)보험사와 스위스 레(Swiss Re)는 유전공학기술과 전자파(휴대전화) 외에 나노기술을 특별하게 관심을 두어야 하는 새로운 위험의 목록에 추가시켰다. 이 관심이 대충적인 것이 아니다. 이 거대보험사는 소비자의 보험을 보호하는 일차 보험사의 위험을 넘겨받는다. 어떠한 한 기술이 알 수 없는 부정적인 결과를 가져올 경우에, 전 세계의 피해보상액은 모두 이 2차 재보험사가 넘겨받아야 한다.

석면의 경우를 들 수 있다. 이 소재는 불연재의 특성과 쉬운 가공과 재단으로 인해 큰 인기를 누렸다. 이 석면을 가까이서 다룬 사람은 폐암에 걸릴 수 있다. 문제는 10년이 지난 후에 발병이 되기 때문에, 보험회사에 미치는 영향은 이에 따라 장기적인 모습을 한다. 소송이

미국에서 이루어졌다. 피해보상액이 부분적으로 수백억 달러에 이르고 있다. 석면은 보험회사에 '가장 큰 문제'가 되었음을 뮌헨 륙 보험사의 게하르트 슈미트(Gehard Schnidt)는 확인하여 주고 있다. 나노는 미세입자가 인체에 미치는 영향에 관한 것이다. 나노입자는 혈관에 침투하고, 조직에 정착하여 마침내는 뇌에까지 올라간다는 것이다. 석면의 경험에서 보듯이, 새로운 상품과 제품이 시장에 나오면, 어떻게 테스트가 이루어졌는지를 자세히 살펴야 한다고 슈미트는 강조한다. 건강 폐해에 대한 나노입자의 증거는 현재 없다.

◆ 데이터가 단지 없을 뿐이다.

스위스 레의 나노전문가인 안나벨레 헤트(Annabelle Hett)는 이것을 이렇게 확인해 주고 있다. "우리는 나노기술을 특별한 위험이 있는 것으로 위치시키지는 않는다. 다만 우리는 그 위험을 가능하면 빨리 인식하려는 것이다. 그래야만 빨리 이것에 대한 보험을 들고, 계약에 집어넣을 수 있는 근거를 만들 수 있는 것이다." 이 보험회사의 설명에 따르면 산업체의 의무보장 보험, 신체상해 그리고 상품의 이용에 따른 폐해를 입을 수 있는 사람이 해당되고, 다음에 생산과정을 통해 가능한 피해를 비교토록 하는 환경의무 보장보험, 즉 잘 통제되지 않은 나노입자와 관련된 것이 해당된다. 슈미트와 헤트는 단지 몇 개의 제품에만 나노입자가 들어가고 있고, 이것을 포괄적으로 테스트하기 때문에 큰 위험이 아니라고 간주한다. 언제 이것이 문제로 간주될지는 많은 세월이 흐를 것으로 보고 있다. 보험의 대상이 되지 않는다는 것을 결정하기 위한 데이터가 현재 결여되어 있는 상태이다.

두 보험사의 대표는 자신들이 운영하는 연구부서에서 '더욱더 중요하게' 다루도록 할 것이라고 강조하고 있다. 전문가들은 새로운 기술을 새로운 기회로 보고 있다. '새로운 위험의 수용과 관련하여 우리는 높은 우선순위를 부여하는 맞춤형 해결방법을 개발하고 있다'고 슈미트는 설명한다. 헤트는 '만약에 세상에 불안전한 것이 없다면, 아마도 보험회사가 필요 없을 것'이라고 말한다.

마틴 라임(Martin Reim) 기자

6. Neue Zuercher Zeitung (2004년 8월 25일, Nr. 197, p.59)

건강위험요소로서 나노입자: 입자가 미세하면 할수록, 그 영향은 더욱더 크다.

인공적으로 생산된 나노입자의 위험과 관련하여 우선 매우 적은 지식만이 존재하고 있다. 불을 태워 생산해 내는 나노입자가 미치는 건강에 미치는 영향에 대한 연구는 뒤돌아보는 관점을 준다.

나노연구자가 공구를 다루듯이 일을 할 수 있는 시대는 확실하게 지났다. 나노제품이 시장에 나온 뒤, 어떠한 위험이 나노와 관련하여 발생할 수 있는지에 대한 공적인 논쟁이 뜨겁게 이루어졌다. 지름이 100 나노미터 이하의 미세입자에 대한 걱정이 퍼지고 있다. 이 미세입자는 제작, 마모 혹은 나노 제품의 재처리 공정과정에서 환경으로 들어가고, 여러 경로를 통하여 인간의 신체 속으로 침투한다. 사람들이 오늘날 독극물적인 작용과 이것의 건강상해 요인에 관해서 알고 있는 것은 지난 주에 쥬리히에서 개최된 제8차 나노입자 컨퍼런스에서 논해졌다.

◆ 디젤 자동차에서 나오는 나노입자

컨퍼런스의 이름이 이미 그 의미를 제시하고 있다. 여러 관계에서 나노입자는 이미 오래전에 한 주제가 되었다. 모든 소각과정은, 즉 상이한 형태의 크기로 카본입자를 발생시킨다. 특히 이러한 관점에서 디젤자동차는 부정적이다. 정제되지 않은 디젤자동차의 매연가스는 주위의 공기보다 100 - 10,000배 더 많은 부유입자를 담고 있다. 지난해에 이루어진 공기내용물 측정은 공기 중의 조악한 카본입자의 양을 줄이도록 하는 조치를 취하도록 하였다. 이 조치로 인해 100나노미터 보다 적은 매우 미세한 입자에 대한 관심이 크게 일어났다.

이 카본입자의 화학성분이 인공적으로 생산된 나노입자와는 달라도, 매우 중요한 공통점이 있다. 나노입자는 물질의 관계에서 엄청난 표면면적을 갖는다. 이것은 특이하게 반응을 잘 일으킨다. 이 외에 그 미세한 크기로 인해서 폐 깊이 침투할 수 있다. 큰 입자는 기도의 점액에 붙어 있을 수 있고, 가래로 폐 밖으로 내보낼 수 있다. 그러나 이 나노입자는 폐의 작은 기도와 폐낭에 침투할 수 있다. 이곳에서 폐종양이 발생한다. 이 컨퍼런스에서 스코트랜드의 네이피어(Napier)대학의 비키 스톤(Vicki Stone)은 탄소, 타이탄다이옥신 그리고 도료에서 나온 상이한 나노입자를 이용한 동물실험의 결과를 보고했다. 그 특성에 관계없이, 100나노미터 이하의 지름을 갖는 입자는 좀 더 큰 입자의 같은 양에 비해 높은 잠재적 종양의 특성을 나타냄을 확인하였다. 그 이유는 이 미세한 입자가 폐의 조직세포에서 더욱더 자유롭게 움직이고 그리고 여타 다른 물질을 생산하는 것 때문인 것으로 보인다.

어떠한 방법으로 나노입자가 폐의조직에서 활동을 하는지를 베른대학의 해부학 연구소의 페터 게르(Peter Gehr)가 연구하였다. 그는 문제없이 상이한 세포형태로 나노입자가 침투하도록 하는 특정하지는 않지만, 비생물학적인 메커니즘이 있다는 것을 믿는다. 이 세포는 나노입자와 관련시킬 수 있는 특별한 처방이 없다. 그럼에도 게르와 그 동료는 나노입자가 입자의 물리적, 화학적인 특성에도 불구하고 어떻게 빠르게 적혈구 속으로 들어가서 합병이 되는지를 관찰하였다. 이와는 반대로 1나노미터의 지름을 갖고 있는 입자는 흡수되지 않는다. 게르는 불특정한 이 교환영향의 유형을 정확히 명명하지는 못하고 있다. 그는 동일한 메커니즘이 나노입자를 폐의 기도로 자유롭게 미세한 혈관으로 움직여 폐 속으로 침투시킨다는 가정을 하고 있다.

이 폐에서 입자는 혈관을 따라서 간, 쓸개, 심장 같은 기관으로 침투시킨다. 예상 가능한 결과는 심장혈관병을 발생시킨다. 단지 뇌만 혈관과 뇌의 필터작용으로 보호되는 것을 볼 수 있다. 따라서 미국 럭커스 대학의 균터 오버외르스터(Guneter Pberdorster)는 컨퍼런스에서 보고하였듯이, 나노입자가 존재하는 것이 증명되었다. 수문장으로서 중추신경시스템에 직접 전하는 후신경을 이용한다.

인공적으로 생산된 나노입자의 건강위해요인은 오늘날 하는 유행역병의 연구를 이용해서 확인할 수 없다. 나노기술은 아직은 생소한 것이다. 공기 중의 디젤입자의 건강에 미치는 영향은 매우 다르게 보인다. 지난 여러 해에 호흡기병, 만성적인 기관지염 같은 순환기 질병과 관련한 위험은 입자의 농도에 따라 늘어났다. 명백히 심장의 혈액순환과 관계가 있다. 그래서 입자의 농도가 높은 날은 심장마비가 높은 것을 관찰할 수 있다. 노이헤르베르그(Neuherberg)의 환경 및 건강 연구센터의 에리히 비히만(H.-Erich Wichman)은 사망자의 숫자가 늘어나는 것을 확인하여 주었다. 독일 환경부의 용역으로 연구된 보고서는 매년 독일에서 발생하는 8만 명의 사망의 경우 대개 디젤가스로 인한 사고가 1만에서 1만9천 건에 해당됨을 결론으로 내리고 있다. 이 사망자의 다수는 호흡기병과 심자혈관 질환, 폐암의 후유증으로 사망한다.

◆ 조치를 취해야 함

이러한 숫자는 디젤자동차에 입자필터 장치를 부착토록 큰 반향을 불러일으킨다. 이러한 기술은 벌써 존재한다고 볼 수 있다. 그래서 오늘날 모든 입자의 99%를 잡아내는 필터가 시장에 나왔다. 후조 자동차가 개발한 필터는 99.99%의 효율을 보이고 있다. ETH의 컨퍼런스를 조직한 니더로도르프(Niderrohdorf)의 안드레아스 마이어(Andreas Mayer)는 소각을 통해 발생시킨 입자매질의 문제를 단번에 해결할 수 있도록 하였다. 실제로 스위스에서는 입자매질의 상한선 외에 입자 수와 관련한 또 다른 것을 도입하려는 방안을 추진하고 있었다. 새로운 상한선은 극미세 입자에 예전에 비해 더 큰 관심을 갖게 하고 있다. 디젤자동차가 입자필터가 장착될 때 유지될 수 있는 수치이다.

미세입자가 탄소입자가 건강에 미치는 영향에 대한 인식은 단지 하나하나를 인공적으로 만들어 낸 나노입자에 그 문제를 전이시킬 수 없다. 입자의 크기는 거의 비슷하지만, 그것의 화학적 특성, 표면의 특성 그리고 여타 파라미터에 따라 달라진다. 이것이 어떠한 영향을 갖는지는 더욱더 조사되어야 한다. 반드시 유념해야 할 것은 인공적으로 만들어진 나노입자는 단지 호흡이 될 뿐만 아니라, 선크림이나, 소화제 같은 약품을 통해서 신체 속으로 들어올 수 있다는 것이다. 이와 관련하여 많은 연구가 요구된다. 기존의 불확실성에도 불구하고, 인공적으로 만들어진 나노입자는 미래에 보다 강력히 규제될 수 있을 것으로 보인다. 현재 허가를 담당하는 인증청은 어떠한 형태로 탄소 같은 물질이 존재하든지에 큰 차이가 없다. 탄소나노 입자로 된 상품은 부가적인 테스트가 필요 없다. 영국정부가 용역을 준 연구는 왕립회와 왕립공학회가 나노입자를 독자적인 화학물질로 다루도록 자극하였다. 이 외에 나노입자가 환경에 자유롭게 가능하게 돌아다니지 않도록 하는 주의조치를 제안하였다. 공장과 연구센터는 나노입자를 위험한 물질을 다루는 것처럼 취급해야 한다.

스위스 통신사의 기사

부록 3. 한국 미디어에 보도된 나노 위험관련 기사

1. 나노차원에서 '법과 제도' 만든다 (동아일보, 2006.12.22)

사회적 비용 줄이는 기술영향평가

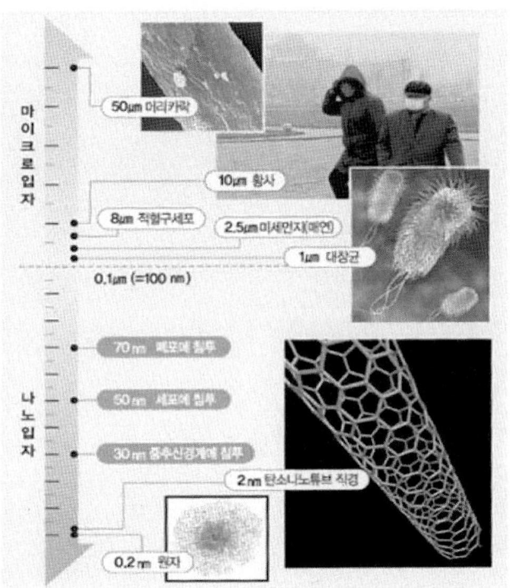

▲ 나노입자 크기에 따른 인체 침투 정도. ⓒ동아일보

나노(nano)란 희랍어로 난쟁이란 뜻을 지닌 10억분의 1을 나타내는 접두어다. 따라서 1나노미터(㎚)는 10억분의 1미터다. 나노기술이란 물질을 구성하는 직경 1㎚ 이하의 원자나 분자를 나노 영역에서 조작해 실생활에 유용한 것으로 만드는 기술을 통칭한다. 그러나 일반인에게는 복잡한 개념 대신 '은나노세탁기', '나노화장품', '나노샴푸' 등 나노라는 단어가 사용된 제품이 쉽게 떠오른다. 나노기술은 산업화의 태동기에 있지만 이미 우리 생활 깊숙이 들어와 있다.

나노기술은 물리, 화학, 생물 등 서로 다른 분야와 융합한 다 학제적 연구를 필요로 한다. 또 다른 산업으로 파급효과도 커 세계 많은 국가에서 집중 투자하고 있다. 실제로 2005년 미국은 10억8100만 달러를, 유럽연합(EU)과 일본은 10억 달러, 우리나라는 2억7400만 달러를 나노기술에 투자했다. 미국의 나노비지니스 얼라이언스(NanoBusiness Alliance)는 반도체를 제외한 나노기술산업의 세계시장이 2001년 460억 달러에서 2010년 1조 달러로 연평균 30% 이상 성장할 것으로 예측을 내놨다.

◆ '난쟁이 입자'가 종양 일으킬지도

반면 나노기술에 대한 우려의 목소리도 높아지고 있다. "눈에 보이지 않는 나노입자가 뇌를 파고들어 종양을 일으킨다", "세포 속을 뚫고 들어간 나노입자는 DNA를 부수고 세포 자살을 유도한다", "나노 관련 공장 주변 지역이 오염돼 주민들이 병에 걸린다" 등 나노기술에 대한 장밋빛 시나리오에 익숙한 일반인들에게 섬뜩한 내용이다. 오늘날 과학기술은 사회에 미치는 파급효과가 광대하며 기술 자체의 유용성과 위해성을 모두 가지고 있다.

따라서 과학기술의 한쪽 측면만 감성적으로 발표하는 것은 일반인의 판단을 흐릴 위험성을 안고 있다. 이런 의미에서 나노기술이 사회에 미치는 영향을 평가하는 나노기술영향평가는 균형적인 시각으로 추진해야 한다.

기술영향평가는 기술이 산업과 경제에 미치는 측면뿐 아니라 환경이나 윤리, 법·제도, 교육 등 사회적 영향도 고려해 편익을 극대화하면서 부정적 측면은 미리 방지하자는 데 목적이 있다. 선진국은 1970년대부터 전담기구를 설치하고 기술영향평가를 실시하고 있다. 우리나라도 2001년 7월에 발효된 '과학기술기본법'에 근거해 한국과학기술기획평가원(KISTEP)이 담당하고 있다. 가령 2003년에 NBIT 융합기술, 2005년 전파식별(RFID)과 나노기술에 이어 올해는 나노소재, 줄기세포, 유비쿼터스 컴퓨팅기술 등 3개의 기술로 확대돼 기술영향평가를 수행했다.

기술영향평가를 전담하는 기구가 있는 유럽의 국가들은 2000년대에 들어서면서 나노기술에 대한 정확한 지식을 일반인에게 전달하고 의견을 수렴하기 위해 공청회와 설문조사, 워크숍, 합의회의 등을 실시하고 있다. 또 전문가 패널을 통한 나노기술의 독성문제와 규제 방안 등에 대한 보고서를 작성하고 있다. 반면 기술영향평가 전담기구가 없는 미국과 일본은 나노기술이 사회에 미치는 영향을 평가하고 있다.

◆ 선진국은 '기술개발 + 사회교육'에 투자

미국의 나노기술개발전략(NNI)은 설립 초기부터 나노기술의 사회적 영향과 교육 부문을 강조했다. 2006회계연도의 나노기술개발 예산 요구액의 7.8%인 약 8200만 달러를 사회적 영향부문에 투자할 계획이다. 일본도 산업기술총합연구소(AIST), 신에너지 산업기술종합개발기구(NEDO), 후생성 등을 통해 나노기술이 인간과 환경에 미치는 영향에 대한 연구를 추진하고 있다. 특히 AIST는 나노재료가 건강에 미치는 영향을 조사하기 위해 2006년 4억 엔을 시작으로 5년간 총 20억 엔을 투자할 전망이다.

　우리나라는 '나노기술개발촉진법'에 근거해 2005년 나노기술에 대한 기술영향평가를 실시한 결과 다음의 세 가지 제안이 도출됐다. 첫째는 나노기술개발 국가연구비 가운데 나노기술 개발이 환경(Environment), 보건(Health), 안전(Safety)에 미치는 영향과 영향에 따른 위험성에 관한 연구(EHS)와 윤리적(Ethical), 법적(Legal), 사회적(Social) 측면에서의 나노기술의 영향문제 연구(ELSI)에 지원할 것이다. 둘째는 일반인이 나노기술을 올바로 이해하기 위한 교육에 투자할 것과 셋째는 나노기술의 성과가 골고루 돌아가고 오용을 방지할 수 있는 제도적 장치 마련 등을 꼽았다.

　이런 평가 결과는 제2기 '나노기술종합발전계획'(2006~2015)에 반영돼 '나노기술의 영향 등 사회적 요구에 대응하는 기술개발'이 4대 목표의 하나로 설정됐다. 국내의 나노기술 영향평가 관련 사업으로는 한국과학재단이 2006년 '나노기술개발사업' 공고에서 나노소재 환경영향 평가 분야를 연구지원 분야의 하나로 선정했으며 식약청을 중심으로 '나노물질독성 기반연구'(2007~2011) 등을 계획하고 있다.

▲ 대표적인 첨단기술의 하나인 '나노기술'이 일상생활에 파고들고 있다. 냉장고와 에어컨 등 가전제품에서부터 화장품, 젖병, 장난감에까지 나노기술이 응용된다. ⓒ동아일보

◆ 제2 황우석 사태 막기 위한 시스템

2006년도 기술영향평가는 나노기술 가운데 '소재'에 한정해 실시하고 있다. 특히 나노소재가 인체와 환경에 미치는 안전성에 중점을 뒀다. 나노소재는 크기가 작아질 때 일반적으로 알고 있는 소재와 전혀 다른 성질을 나타낸다. 이에 따라 '물질안전보건자료'(Material safety data sheets)를 나노소재에 사용할 수 없는 문제가 발생한다. 더불어 독성 여부를 판단하기 위한 새로운 동물시험 방법 등 새로운 평가방법이 개발돼야 한다.

나노소재의 안전성을 평가하는 일은 비용과 시간이 많이 소요돼 자칫 필요성에 대한 의구심이 들 수 있다. 하지만 산업과 경제에 미치는 파급효과가 막대해 이것이 초래할 수 있는 사회적 비용도 막대할 수 있다는 가능성을 배제해선 안 된다. 이를 위해 지금부터 안전성에 대한 장기적인 연구를 진행해야 하며, 이는 나노기술의 발달 과정에서 생기는 비용을 줄이는 최선의 선택일 것이다.

끝으로 나노기술의 성공적인 연구와 투자를 이끌기 위한 국민적 합의는 정확하고 객관적인 정보를 일반 시민에게 제공하는 데 달려 있다. 황우석 사태처럼 과장된 홍보로 나노기술에 대한 환상을 심어주거나 나노기술의 잠재적인 위험을 확대 해석해 기술 발전의 저해를 가져온다면 이는 불행한 일이다. 따라서 정부는 나노기술의 장점에 대한 일방적인 홍보가 아닌 쌍방향 커뮤니케이션을 통해 의견교환과 합의를 도출할 시스템을 하루 빨리 개발해야 한다.

임현 한국과학기술기획평가원 부 연구위원

2. 나노기술의 잠재적 위험에 대한 대비, 지금부터 필요 (2006.10.22)

(출처: http://www.zdnet.co.kr/news/enterprise/etc)

Martin LaMonica (CNET News.com)

나노 재료들로부터 유발하는 환경 및 건강상의 위험이 실제로 존재하고, 이에 대해 산업, 그리고 법적인 규제 당국 차원에서 충분한 검토를 할 필요성이 있다고, 전문가들은 이번 주에 열린 한 컨퍼런스에서 주장했다. ― 케임브리지, 메사츄세츠發

룩스 리서치는 사업 관련 종사자들과 투자자들 간의 만남의 장, 룩스 익제큐티브 서밋(Lux Executive Summit)에서 나노기술과 관련한 환경, 그리고 건강 안전에 관한 주제로 2번의 좌담회를 개최했다. 발표자들은 나노 재료로부터 유발될 수 있는 특정 위험들에 대해서는 언급하지 않은 반면, 일반인들의 인식 부족 등을 포함, 그 잠재적인 위험에 대해 경고했다. 또한 그들은 사업자들에게 제품이 출시된 이후가 아닌 제품 개발 단계에서부터 이러한 문제를 충분히 고려해야 한다고 충고했다.

나노기술은 그야말로 나노 단위의 크기를 가진 재료를 사용하는 기술들을 말한다. 1나노미터는 10억 분의 1미터를 의미한다. 사람의 머리카락도 그 폭이 무려 80,000나노미터나 된다. 나노재료들은 태양열 패널부터, 골프 공, 그리고 약품 등 넓은 범위의 제품 군에서 사용될 수 있는 재료이다. 룩스 리서치가 올해 실시한 연구에 의하면, 세계에서 가장 큰 1,331개의 회사 중 148개의 회사가 나노기술을 이용한 프로젝트를 진행 중에 있고, 2008년에는 그 기업 수가 2배로 증가할 것으로 예상된다. 또한 이에 따라 R&D에 사용되는 회사들의 비용 또한 120억 달러를 넘길 것으로 보인다. 이렇듯, 나노재료를 사용하는 제품들이 상용화되고 있는 이 시점에, 아직까지 이러한 제품들이 가져다줄 수 있는 환경과 인간의 건강에 대한 위험성에 대해서는 제대로 인지하고 있지 못하고 있다고 이 분야의 전문가이자 룩스 리서치의 분석가인 마이클 홀먼은 말했다.

"우리는 아직 충분히 알지 못한다."라고 홀먼은 말했다. "여러 혼란이 현재 존재하기 때문에 이 문제가 쉽게, 그리고 빠른 시일 내에 해결되지는 않을 것이다."라고 그는 덧붙였다.

홀먼은 아이크림과 같은 제품에 사용되는 탄소 기반 분자인 플로렌을 예로 들었다. 플로렌에 노출됨으로 인해 발생할 수 있는 효과를 측정하기 위해 실시된 한 연구에서, 이 플로렌이 실험에 이용된 큰 입배스의 뇌를 손상시킨다는 사실이 발견되었다. 하지만 이후에, 이 결과는 플로렌이 실험에 참가한 물고기들에게 매우 긍정적인 영향을 미쳤다고 주장하는 몇몇 연구원들에 의해 반박되었다고 그는 설명했다.

◆ 더 많은 데이터 필요

안전 문제에 대한 충분한 정보가 부족하기 때문에, 전문가들은 제품 개발 시 각 단계로 올라갈 때마다 그 유독성에 대한 검사를 진행해야 할 것이라고 말했다. 이와 더불어, 그들은 새로운 재료를 개발하는 회사들로 하여금 연방 관리 기관 및 학계와 긴밀한 협조관계를 맺어야 해야 한다고 주장했다.

"환경과 건강에 관련된 주제는 오직 신생 기업에게만 국한되는 문제가 아니라, 사업 전반에 걸쳐 고려되어야 할 근본적인 문제이다."라고 폴리&런덜 로펌의 파트너 마크 맨서는 말했다. "나는 정부 기관 관계자들의 조언을 듣지 않고 자체적으로 엄청난 양의 조사와 개발, 그리고 투자를 진행한 회사들을 많이 보아 왔다. 이로 인해 사업자의 입장에서는 현실적으로 실행할 수 없는 사업 계획을 만들어, 개발 자체를 무용지물로 만들어버리는 경우가 생긴 것이다."라고 그는 말했다.

미국 관계 기관들은 나노재료로부터 유발되는 건강과 환경에 대한 영향력을 조사하는 더욱 광범위한 연구에 투자할 예정이다. 하지만 지금 당장은 이에 대한 그 어떤 법이나 기준이 없고, 이를 구축하는 데는 상당한 시일이 걸릴 것으로 보인다.

몇몇 정부 기관들 또한 속해 있는 "나노기술과 환경 및 건강의 관계를 연구하는 집단"이라는 단체는 현재 조사 순서에 대한 우선순위를 지정하는 단계를 진행하고 있는 상태이다.

이 단체가 가장 먼저 해야 할 일은 바로 어떤 것이 나노재료의 범주를 확실히 하는 것이라고 미국 식품 연방 의약국(FDA) 과학 부문 부커미셔너이자, 이 단체의 의장인 노리스 애덜슨은 말했다. 애덜슨은 나노기술과 환경 및 건강과의 상관관계를 조사하는 연구를 지원하기 위해 4400만 달러에 이르는 금액의 투자가 이루어질 것이라고 밝혔다.

"우리가 가장 우선시해야 할 일은 바로 다섯 가지의 조사 분야를 구분하는 것이다."라고 그는 말했다. 하지만 그는 자세한 사안이 언제 결정될지에 대해서는 확실히 명시하기를 거부했다.

나노재료가 매우 광범위한 범위에서 사용이 가능하기 때문에, 이들의 잠재적인 위험성에 대해서 철저한 조사를 진행하기 위해서는, 각각의 제품 하나하나씩 모두 조사를 해야 될 필요성이 있다고 맨서는 말했다.

자체 규제를?

현재 미국을 비롯한 타 국가의 정부 당국들도 강력하고 신속한 가이드라인을 제시해 주지 못하고 있는 현 상황에서, 자발적으로 정보를 공유하고, 근로자의 안전 수칙, 불필요한 나노 입자들을 방출하는 것을 막는 방법 등에 있어 '최우량 사례'를 적용하는 등, 사업자들 간의 자체 노력이 큰 성과를 거둘 것이라고 홀먼은 말했다.

"법이 없는 것은, 법 규제가 심한 것보다 더욱 위험하다."라고 홀먼은 말했다. 몇몇 국가들에서 제초제인 DDT의 사용을 금지하였는데, 그 이유는 규제가 없어 농약이 남용되어 부작용을 일으켰기 때문이라고 홀먼은 말했다. 이 사례에서도 적절한 관리와 단속이 있었다면, 특정 상황에서 매우 안전하게 사용될 수 있도록 허용되었을 수도 있었다고 그는 주장했다.

이와 동시에 홀먼은, 나노 재료의 사용을 반대하는 행동주의자들의 수 또한 점점 늘고 있는 추세라고 밝혔다. 한 예로, 작년 프랑스에서 개최된 컨퍼런스에서 나노 재료 사용을 반대하는 사람들이 행사를 중단시키려 한 사건이 있었다. 그는 이것을 나노 입자 그 자체로부터 발생할 수 있는 부작용과 구별되는 "인간의 지각에 의한 위험"이라고 불렀다.

그는 개발 중인 나노 재료에 대한 정보를 무작정 숨기기보다는, 회사들이 조금 더 전면에 나설 필요가 있다고 주장했다. 한 예로 뷰티 케어 회사인 에스티 로더(Estee Lauder)는 그들의 웹사이트에 언급된 '나노'라는 단어를 모두 삭제하였다. 이와는 대조적으로 대형 화학 관련 기업인 BASF는 그들이 자체적으로 진행한 나노 입자 유독성 테스트에 대한 정보를 공개했다. 이 회사는 또한 에너지 효율성 재고 및 타 유독성 재료 사용량 감소 등과 같은 나노 재료의 긍정적인 측면에 대해 적극 강조하고 있다.

"사람들은 기업들이 무엇인가를 숨기고 있다고 생각할 때 더 큰
불안감을 느낀다. 그리고 사람들은 자신들의 의견이 제대로 반영되고
있지 않다고 생각할 때 더욱 큰 위협을 느낀다."라고 그는 말했다.

아직 정부가 나노 재료가 건강 및 환경에 미치는 영향에 대해 적극
적인 조사를 진행하고 있지 않기 때문에, 대형 화학 산업 관련 기업
듀포인트(DuPoint)는 나노 재료의 안전한 사용을 위한 산업 기준을
정하기 위한 자체적인 프로그램을 진행했다고 듀포인트 환경 및 지속
성장을 위한 연구소의 기업 규제 부문 세계 담당자인 테리 메들리는
말했다. 듀포인트는 현재 비영리단체인 EDA와 손을 잡고, 이 새로운
재료가 유발할 수 있는 잠재적인 부정적 효과들에 대한 단계적인 '틀'
을 만들려는 시도를 하고 있다. 이 '틀'은 제품의 개발에서부터 사용과
정, 그리고 폐기에 이르기까지 모든 과정에서 발생할 수 있는 부작용
들을 예상하는 것이라고 메들리는 밝혔다.

"우리는 그 위험을 최소화하면서 수익을 창출할 수 있도록, 나노
개발 단계를 시스템화하려 하고 있다."라고 그는 말했다.

EDA의 수석 과학자 리처드 데니손은 규제 당국이 나노기술이 발
전하는 페이스를 따라오지 못하고 있어, 정부의 강제력이 뒷받침되는
안전 기준이 나오기까지는 3년에서 5년이 걸릴 것으로 전망했다. 그렇
기 때문에 안전에 관련한 정책 결정과 테스트에 적극적으로 참여하는
기업들이 이후 규제를 설정하는 데 있어서 상당한 영향력을 미칠 수
있을 것이라고 그는 덧붙였다. 데니손은 또한 기업들이 더욱 나은 야
구 배트를 만드는 등과 같은 지엽적인 부분에 이러한 기술을 사용하
기보다는, 현재 인류가 사는 사회에서 문제가 되는 여러 사안들, 예를

들어 맑은 공기에 대한 욕구, 깨끗한 물에 대한 욕구, 등을 충족시킬 수 있는 기술을 개발해야 한다고 주장했다.

"만약 이들의 위험에 대해 제대로 파악하지 못한다면, 수익 또한 낼 수 없을 것이다."라고 릭 데니스는 말했다. "현재 기업들이 할 수 있는 일은 적극적인 자세로 정부가 할 수 있는 정도를 넘어서서 자체적으로 기술 개발에 따른 위험을 조정할 수 있는 시스템을 만들어 내는 것이다."라고 그는 덧붙였다.

3. 나노기술 전망과 위험 관련 보고서

(출처: http://www.eurekalert.org/pub_releases/2004-01/iop-gm012704.php)

Institute of Physics의 웹사이트 nanotechweb.org에 게재된 보고서는 나노기술은 가진 나라와 가지지 못한 나라의 격차를 확대하고 개발도상국의 나노산업에 해를 끼칠 것이라는 Prince Charles 주장에 대해 다른 의견을 제시하였다. 이 새로운 보고서는 바이오윤리 싱크탱크인 University of Toronto Joint Centre for Bioethics에서 발표한 것으로 개발도상국의 나노기술 연구에 대한 최초의 조사보고서이다.

이 센터의 소장인 Dr. Peter Singer와 이 보고서의 저자인 Dr. Erin Court는 나노기술의 위험은 개발도상국의 50억 인구의 삶을 향상시킬 수 있는 나노 연구를 중단하는 것이 아니라 새로운 국제적 협의를 통해 해결될 수 있다고 언급하였다. Dr. Singer는 아프리카, 남미, 아시아의 가난한 사람의 의료, 환경, 경제적 개선 기회를 약화시키는 Prince Charles와 압력 단체의 주장이 허용되어서는 안 된다고 하였다.

이 보고서는 처음으로 개발도상국의 나노기술이 가져올 수 있는 의료,
환경 및 경제적 혜택을 제시하였다.

1. 암 및 HIV/AIDS 진단 개선
2. 결핵 진단 개선
3. 저렴한 비용의 원격 의료 진단 장비 개발
4. 보다 관리 용이한 백신 접종
5. 교통사고로 인한 골격 치료
6. 토양 및 작물의 독성 관리 개선
7. 수질 정화 기술 개선
8. 보다 효과적인 오일 유출 제거

그는 선진국과 개발도상국 간의 디지털 차이, 게놈 차이 등과 유사
한 나노 차이('nao-divide')에 중점을 두어 관련 위험을 관리할 필요
가 있으며 어떻게 나노기술이 개발도상국의 50억 인구에게 혜택을 줄
수 있는지를 고려하고 이해하려는 데는 실패하고 지적하였다.

이번 개발도상국의 나노 연구는 세 그룹으로 나누어 실시되었다.
front-runners(중국, 한국, 인도), middle ground(태국, 필리핀, 남아
프리카, 브라질, 칠레), up and comers(아르헨티나, 멕시코). 보고서
저자들은 떠오르는 기술 개발을 위한 평가, 나노기술의 위험성 및 혜
택 확인, 가능한 nano-divide 조사를 위한 새로운 국제 네트워크 형
성을 주장하였다. 이 네트워크는 위원회의 중심이 되고 연구 결과를
수집하고 나노기술 개발, 나노기술의 위험 관리 규정 제정 시 주요 역
할을 할 것이다.

저자들은 다음과 같은 우려를 나타내었다: 나노 물질이 얼마나 오랫

동안 환경에 남아 있나, 환경 물질에 나노물질이 얼마나 쉽게 붙는가, 이 나노물질이 food chain을 통해 인간에 어떠한 영향을 미치는가, 나노물질 생산 수단은 누가 관리하며 위험과 혜택에 대한 토론은 누가 담당하는가, 나노기술의 군사적, 산업적 사용의 결과는 무엇인가? 저자 중의 한 사람인 Abdallah Daar은 종합적인 시각과 적절한 나노기술 위험에 대한 우려는 대중의 지지를 얻어낼 수 있을 것이며 사회적으로 책임 있는 방법으로 나노기술을 향상시킬 수 있을 것이라고 하였다.

4. 나노기술 환경공해 위험극소입자 인간 뇌에 침입

농어 속의 해답 이러한 돔 모양의 탄소 분자와 같은 새로운 화합물질은 지름이 10억분의 1미터도 안된다. 독극물학자 에바 오버도스터 씨는 이 극소의 입자들은 그 작은 크기 때문에 농어의 뇌 조직에 축적될 수 있고, 앞으로 이 주제에 대한 심도 깊은 조사가 필요하다고 주장한다.

5. 나노입자의 안전성(조선일보)

10억분의 1m '나노'입자 뇌·폐세포 거침없이 뚫어

너무 작아 인체 보호막 쉽게 통과 크기 작아질수록 표면적 넓어져 독성……

세계 각국, 앞 다퉈 위험성 연구 나서 국내도 나노 작업장 대책 서둘러야 작아질수록 강해지는 세계가 있다. 머리카락 굵기의 10만분의 1에 불과한 나노미터(㎚, 10억분의 1m) 세계를 다루는 나노기술이다. 입자가 작아질수록 표면적은 더 늘어나 화학반응력이 강해지며, 물 분자 하나가 겨우 통과하는 탄소나노튜브는 어떤 금속보다 강하고 전기가 잘 통한다. 그러나 자연계에 존재하지 않던 이 작은 입자들은 인체의 보호막마저 쉽사리 통과해 예상치 못한 문제를 일으킬 수도 있다. 그 가능성이 점점 현실로 다가오고 있다.

◆ 선크림이 신경손상 유발?

미 연방정부 환경보호국(EPA)의 벨리나 베로네시 박사는 최근 '환경과학기술'지에 자외선 차단용 선크림에 들어가는 산화티타늄 나노입자가 뇌신경을 손상시킬 가능성이 있다고 발표했다. 산화티타늄은 선크림 외에 치약이나 페인트에도 사용되며 보통 흰색을 띠지만 나노입자로 만들면 투명해진다. 때문에 나노입자가 들어간 선크림은 발라도 창백한 느낌을 주지 않아 인기를 끌고 있다.

연구팀은 생쥐의 뇌신경을 보호하는 면역세포(microglia)에 이 물질을 주입했다. 세포는 바로 활성산소를 분비해 이 물질을 공격했다. 문제는 1시간 이상 티타늄산화물에 노출될 경우 활성산소가 지나치게 분비돼 주변의 뇌신경세포마저 손상시킨다는 것. 파킨슨병이나 알츠하이머 같은 뇌질환은 신경세포가 활성산소에 의해 손상됐기 때문에 일어나는 것으로 알려져 있다. 빈대 잡으려다 초가삼간 태울지도 모르는 일이다.

◆ 선진국들 위험연구에 대규모 투자

나노입자가 생명체에 손상을 줄 수 있다는 연구결과는 이번이 처음은 아니다. 2004년 미국 로체스터대의 귄터 오베르되스터 교수는 20㎚ 크기의 '폴리테트라플루오로에틸렌(PTFE)' 나노입자를 쥐에게 15분 동안 흡입시켰더니 4시간 만에 죽었다고 보고했다. 이 물질은 '테플론'이라는 상품명으로 프라이팬 코팅재, 우주복, 인공심장판막 등에 사용되는데, 덩어리 상태일 때는 해가 없다가 나노입자가 되면서 독성이 생긴 것이다. 식물도 예외는 아니다. 작년 11월 미 뉴저지공대 다니엘 와츠 교수는 내마모성 투명코팅제로 사용되는 산화알루미늄 나노입자가 옥수수·배추·콩 등 식물의 성장을 저해했다는 연구결과를 '톡시콜로지 레터스'에 발표했다.

나노입자가 위험한 것은 크기 때문이다. 자연계에 존재하는 입자들은 뇌로 들어가지 못하지만 크기가 작은 나노입자는 막힘이 없다. 크기가 작아 기도에서 걸러지지도 않고 바로 폐세포로 들어간다. 게다가 크기가 작아질수록 화학반응을 하는 표면적이 넓어져 없던 독성이 나타날 수도 있다. 이 때문에 세계 각국은 '나노기술의 위험성 연구'를 서두르고 있다. 미국은 올해 전체 나노 분야 연구개발 예산(10억5400만 달러)의 3.7%에 해당하는 3850억 달러를 인체환경영향 평가에 배정했다. EU도 2002~2006년 나노 분야 전체 예산(15억8000만 달러)의 5%인 7900만 달러를 인체환경사회에 미치는 영향 평가에 배정했다.

◆ 국내 대응은 미흡

반면 국내에서는 제대로 된 연구가 진행되지 못하고 있다. 나노기술 중 가장 위험성이 큰 분야는 나노 소재다. 그럼에도 나노소재기술개발사업단은 따로 위험성 연구를 하고 있지 않다. 더욱이 올해 진행되고 있는 나노소재기술영향평가는 원천기술의 확보 방안에만 초점을 맞추고 있다.

국내 전문가들은 "줄기세포 연구비의 일부를 생명윤리연구에 쓰도록 한 것처럼 나노기술 연구개발비의 일부를 위험연구에 써야 한다"고 주장하고 있다. 다행히 식품의약품안전청이 내년부터 의료용 나노기술에 대한 위험성 평가연구에 10억 원 이상을 투입할 예정이다. 환경부도 건강영향평가제를 실시해 나노기술의 유·무해성이 최종 입증되기 전까지 유해한 것으로 보고 조사한다는 계획이다. 그러나 더 빨리 움직여야 할 곳은 과학기술부와 노동부라는 지적도 있다. 한국생활환경시험연구원 유일재 박사는 "나노물질을 다루는 근로자와 연구자들은 나노입자를 흡입할 가능성이 가장 높기 때문에 작업장 안전차원에서 이들에 대한 조사가 가장 먼저 이뤄져야 할 것"이라고 강조했다.

▲ 탄소나노튜브 속을 메탄가스가 통과하는 상상도. 나노기술은 환경오염물질 제거에 이용될 수 있으나 잘못되면 환경과 인체에 치명적인 피해를 줄 수도 있다. 사이언스 제공

◆ 국가별 나노기술 위험성 연구 투자

- 미국: 2006년 나노 분야 총 예산 10억5400만 달러. 3.7%인 3850
  만 달러 인체·환경 영향평가에 배정
- 일본: 2006년 나노기술인프라 구축에 20억5000만 달러 투입. 2007
  년까지 1억2000만 달러 위험성연구에 투자
- EU: 2002~06년 나노 분야 총 예산 15억8000만 달러. 5%인
  7900만 달러 인체·환경·사회 영향 평가에 배정
- 영국: 2005년 환경식품농업부 나노입자 위험성 검증 연구에 870
  만 달러 투자 계획 발표

이영완 기자 ywlee@chosun.com

6. 환경단체, 화장품 속 나노성분에 위험 경고 [연합]

'쥐실험서 TiO_2 나노입자 신경세포 손상' 학계 보고 독성을 지닐 수도 있는 수많은 나노입자가 화장품에 널리 사용되고 있어 건강을 위협할 수 있다고 환경론자들이 주장하고 나섰다.

영국 '선데이 헤럴드' 인터넷판은 2일 한 조사 결과, '나노 성분'이 로레알, 에스티 로더, 크리스찬 디올, 샤넬, 부츠 및 다른 화장품 브랜드들의 색조화장품, 주름방지 크림, 선크림 등에서 발견됐다고 보도했다. 환경단체인 '지구의 친구들'이 방취제, 샴푸, 치약에 이르기까지 세계적으로 116개 스킨케어 제품에서 금속, 단백질, 노바솜 캡슐 등의 나노입자가 섞여 있는 사실을 발견했다고 이 신문은 전했다. 이 단체

의 스코틀랜드 지부장인 던컨 맥래런은 "업체들은 소비자를 기니피그처럼 취급하는 행위를 중단하고 나노성분의 안전성이 검증될 때까지 해당 제품을 판매하지 말아야 한다"면서 동시에 규제당국에 대해서도 예방적인 대책을 취해 줄 것을 요구했다. 이 신문은 전문가와 환경론자가 이처럼 스킨케어 제품에 나노기술을 사용하지 말 것을 요구하는데도 불구하고 화장품 업계는 제품의 안전성을 주장하고 있다고 전했다. 보통 100나노미터보다 작은 나노입자들은 피부에 잘 스며들어 상태를 개선시키고, 자외선 차단효과를 높이며, 화장품을 바르기 쉽게 만들어 준다고 선전돼 왔으며, 화장품 회사들은 앞 다퉈 제품에 나노성분을 함유시켰다.

일부 과학적 연구를 통해 나노입자가 건강상 위험을 초래할 수도 있다는 증거가 제시됐지만, 별다른 규제검토 없이 화장품에 광범위하게 사용됐다. 한편 미국 환경보호국(EPA) 산하 국립보건환경영향연구소(NHEERL)의 벨리나 베로네시 박사팀은 선크림과 화장품 등에 널리 이용되는 산화티타늄(TiO_2) 나노입자가 신경세포를 손상시킬 수도 있다는 연구 결과를 '환경과학기술지(誌)' 최신호에서 제시했다. 베로네시 박사팀은 생쥐의 신경세포를 보호하는 면역세포(microglia)는 외부에서 이물질이 들어오면 활성산소를 분비해 태워버리는데, 산화티타늄 나노입자에 1시간 이상 노출되면 활성산소가 과다 분비돼 주변의 신경세포에 손상을 입힌다고 설명했다. 그러나 연구팀은 TiO_2 나노입자가 인체에도 유해한지는 연구를 해봐야 한다고 덧붙였다.

중앙일보 2006.07.03

Tiny particles in cosmetics 'a risk' by Rob Edwards, Environment Editor

HUNDREDS of beauty products could contain a hidden threat to health from millions of potentially toxic nano-particles, claim environmentalists.

A survey found so-called nanomaterials in make-up, anti-wrinkle creams and sunscreens produced by L'Oréal, Estée Lauder, Christian Dior, Chanel and Boots, among others. Now experts and environmentalists are demanding a ban on nanotechnology-the manipulation of minuscule particles-in skincare products until the risks are assessed. The cosmetic industry, however, maintains its products are safe.

Nanoparticles are usually less than 100 nanometres-100 billionths of a metre-in diameter. A human hair cell is 80,000 nanometres wide. Cosmetics companies have rushed to embrace nanomaterials because of their ability to penetrate and improve skin, and to make sunscreens more effective, less visible and easier to apply. But their use has mushroomed without any specific regulatory overview, despite evidence from some scientific studies that there might be health risks.

A US investigation in 2004 found that carbon nanoparticles known as fullerenes damaged fishes' brains, killed water fleas and poisoned human liver cells. Yet their presence is advertised in seven face creams made by Zelens, Sircuit, MyChelle, Dr Brandt and Bellapelle.

Friends of the Earth (FoE) found 116 care products internationally, including deodorant, shampoo and toothpaste, that incorporate nanoparticles such as metals, proteins and 'novasome' capsules. "Companies should stop treating their customers like guinea pigs and avoid marketing such products until nanomaterials are proven safe", said FoE Scotland chief executive Duncan McLaren. "In the past, regulators failed to heed early warning signs on substances like asbestsos and DDT resulting in serious environmental and financial costs. Today, they should be taking a precautionary approach."

In 2004, a report by the Royal Society in London recommended that nanoparticles should undergo a "full safety assessment" before they were used in consumer products. FoE's call for a moratorium was backed by Andrew Watterson, a professor of environmental health at Stirling University. "It would seem remarkably foolish to permit the use of nanomaterials that lab tests have already shown to be of concern", he said. Some companies had a "gung-ho approach" to nanotechnology and were ignoring warnings in order to boost profits, he added.

L'Oréal, Estée Lauder, Christian Dior and Chanel did not respond to questions last week. Boots scientific adviser Dr Tony Gettins said the titanium dioxide used in Soltan sunscreen was permitted by the European Union and "does not penetrate the skin and does not represent a safety risk to consumers."

A spokeswoman for the Cosmetic, Toiletry and Perfumery Association said all cosmetic products were subject to stringent testing. "Safety is the number‑one priority", she said. "With millions of consumers using cosmetic products as part of their daily routines, it is essential for our industry to ensure that products are thoroughly assessed for safety", she added.

July 2006 Sunday Herald

7. "나노과학기술 오용을 막을 제도적 장치가 필요하다."

[이은용 기자의 나노 돋보기] (29) 나노기술영향평가

과학기술부와 한국과학기술기획평가원(KISTEP)이 지난 1월부터 최근까지 산업·언론·정치·연구기관·시민단체 관계자들로 나노기술 영향평가위원회를 구성해 실시한 '나노기술영향평가'를 통해 내린 결론(정책제언) 중 하나다. 나노 관련 국가 연구개발비의 일정비율을 안전성 연구에 투입해야 한다는 제언도 나왔다.

기술개발의 긍정적인 측면을 강조해 예산을 확보하기에 바빴던 우리 국가기관이 '예방' 차원에서 위험·재해 등 부정적 측면을 논의해 본 것 자체가 이채롭다. 그만큼 우리 사회와 국정 프로세스가 성숙했다고 볼 수 있겠다. 특히 황우석 교수팀을 둘러싼 '환자 맞춤형 줄기세포 논문 진위 논란'에서 보듯, 과학기술로부터 출발한 이슈가 정치·경제·환경·윤리 등 사회 전반 문제들을 포괄한다는 점에서 '예방적 고찰'은 그 어느 때보다 중요해졌다.

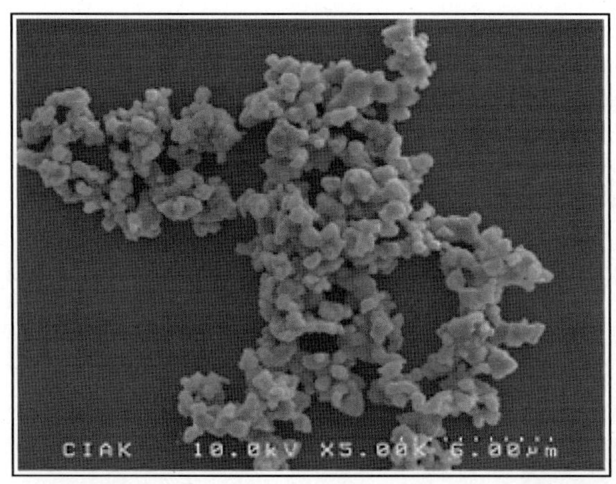

　국내 나노산업은 2020년까지 연평균 22.6%씩 성장해 관련 산업에 약 593조 원을 기여할 것으로 분석됐다. 따라서 효과적이고 체계적인 나노기술개발 총괄 조정·지원 체제를 구축하고 적정 연구개발투자를 유지해야 한다는 게 기본적인 정부 정책 방향이다. 이처럼 큰 기대와 명확한 정책 방향만큼이나 '안전'과 '예방'에 대한 관심도 높아져 다행이다.

　미국 로체스터대학교 의과대학의 귄터 오베르되스터 교수팀은 폴리테크라플루오로에틸렌(polytetrafluoroethylene)을 지름 20나노(10억분의 1)미터 크기 입자로 만들어 쥐에게 15분 동안 흡입시켰더니 4시간 만에 죽었다. 덩어리일 때에는 문제가 없는 물질이었지만 나노입자가 되면서 독성이 생긴 것. 나노입자의 인체 침투, 조직 간 이동, 축적 등으로 인한 안전문제가 당면과제로 떠올랐다. 쥐가 죽었다고 사람까지 죽을 것으로 단정할 수는 없지만 세심한 주의를 기울일 때다.

전자신문 2005.12.20

송해룡

성균관대학교 신문방송학과에서 석사학위를 받고, 독일 뮌스터대학교에서 언론학 박사학위를 받았다. 원광대학교 교수, KAIST 대우교수를 거쳐 현재 성균관대학교 신문방송학과 교수로 재직 중이다.

저서로는 『디지털미디어 길라잡이』(2007, 공저), 『대한민국은 지금 체험지향사회』(2006, 공저), 『휴대전화 전자파의 위험』(2006, 공저), 『위험보도』(2006, 공역), 『위험보도와 매스커뮤니케이션』(2005, 공저), 『위험커뮤니케이션과 위험수용』(2005, 공편), 『미디어스포츠』(2004, 역), 『디지털미디어 서비스 그리고 콘텐츠』(2003), 『위험보도론』(2003, 역), 『스포츠 미디어를 만나다』(2003), 『위험커뮤니케이션』(2001), 『디지털커뮤니케이션과 스포츠콘텐츠』(2001) 등 다수의 저서와 논문이 있다. 현재 KBS 시청자위원을 맡고 있다.

김원제

중앙대학교 대학원에서 언론학 석사학위를 받았으며, 성균관대학교 대학원에서 언론학 박사학위를 받았다. 현재 (주)유플러스연구소 대표연구원(연구소장), 한국문화콘텐츠기술학회 이사, 사이버문화콘텐츠아카데미 책임교수를 맡고 있다.

저서로는 『퓨전테크 그리고 퓨전비즈』(2007, 공저), 『대한민국은 지금 체험지향사회』(2006, 공저), 『스포츠코리아』(2006), 『호모미디어쿠스』(2006), 『위험보도』(2006, 공역), 『문화콘텐츠 블루오션』(2005, 공저), 『미디어스포츠 사회학』(2005), 『위험커뮤니케이션과 위험수용』(2005, 공편), 『유비쿼터스 사회와 방송』(2005, 공저) 등이 있다. 과학기술부장관상(2004), 문화관광부장관상(2005) 등을 수상했으며, 월간 〈프린팅코리아〉에 디지털문화칼럼을 연재하고 있다.

조항민

성균관대학교 대학원에서 언론학 석사학위를 받았으며, 성균관대학교 대학원의 언론학 박사과정에 재학 중이다. 현재 (주)유플러스연구소 책임연구원으로 있다.

『대한민국은 지금 체험지향사회』(2006, 공저), 『위험보도』(2006, 공역), 『문화콘텐츠 블루오션』(2005, 공저)의 저서가 있다. 과학기술부장관상(2004), 문화관광부장관상(2005), 충청북도지사상(2005), 국가보훈처장상(2005) 등의 논문상을 수상했다.

홀거 슈츠
(Holger Schuetz)

부라운쉬바이그(Braunschweig) 공대에서 과학철학, 교육학을 전공했으며, 베를린 공과대학의 심리학연구소 연구원을 역임했다. 1990년부터 율리히의 연구센터에서 위험평가와 위험커뮤니케이션을 연구하고 있다. 위험커뮤니케이션의 인지분야에 다수의 저서를 갖고 있다.

나노와 멋진 미시세계

• 초판 인쇄	2007년 7월 30일
• 초판 발행	2007년 7월 30일
• 지 은 이	송해룡 · 김원제 · 조항민 · 홀거 슈츠
• 펴 낸 이	채종준
• 펴 낸 곳	한국학술정보㈜
	경기도 파주시 교하읍 문발리 526-2
	파주출판문화정보산업단지
	전화　031) 908-3181(대표) · 팩스　031) 908-3189
	홈페이지　http://www.kstudy.com
	e-mail(출판사업부)　publish@kstudy.com
• 등 　 록	제일산-115호(2000. 6. 19)
• 가 　 격	27,000원

ISBN　978-89-534-7071-2 93500 (Paper Book)
　　　978-89-534-7072-9 98560 (e-Book)